自宅獨享烘焙 ×
小食動手做

烘焙小點 × 經典小食，新手也能無負擔上手！

PREFACE 作者序

　　台灣出生台中成長，曾任放射師，也曾經是營養師，曾有人問過我，原本的放射師為什麼會想轉業為營養師？

　　其實……只是因為我愛食物！但當時的我，因為工作，只是可以講出一嘴好食物，專業的分析食物。完全的廚房幼幼班！應該說，還無法稱得上班別，在婚後（2008年），離開台灣，第一站，邁阿密。

　　當時，真的太想念台灣的家鄉味道！竟然開始在旅館煮了牛肉麵，是可以開火的旅館，打掃阿姨還不時在房門外一探究竟，是太香嗎？還是……？廚房小白的廚房冒險，就這樣慢慢開啟！

　　之後，到了洛杉磯，當時只因為老公隔天早上要出差去美東，想為他準備早餐，又因為看了網路上的台式麵包教學，那時還是部落格的年代！當時住在半山腰的我，又是下午近黃昏時候，想也不想的就出門，夕陽伴我，步行下山去，買齊麵粉與酵母，又繼續爬山回到住處，開啟了做麵包的瘋狂烘焙路程！

　　當時的麵包，徒手製作加上新手首作！成品真的如石頭一般，難下嚥！但老公還是帶上它，當了他的早餐！這……是對老婆的真愛啊！就因為有「真愛老公」一路支持陪伴，接著，大女兒在洛杉磯出生，帶著孩子，一家三口，回到澳洲，但當時因工作，住在雪梨，大女兒從娃娃到幼童，接著妹妹也出生了！女兒們，都陪著媽咪在廚房渡過，有時跟著捏麵團、玩麵粉、色膏，有時幫忙扶著搖晃的攪拌機。

　　廚房新手，一路從料理，烘焙，無限發揮，只因為背後有支持我從不嫌棄我的強大試吃團隊！老公與女兒們，之後，我們回到布里斯本，定居於此，就這樣十幾年的廚房烘焙製作時光。

　　只因為愛食物，只因為有了家庭，還有一路愛著我、支持我的家人，我的廚房製作從單純的跟著製作，到開始創作，開始在網頁上寫文章，寫專欄，開始經營粉絲專頁，這一路上，都有許多鼓勵我，支持我的家人以及粉絲朋友們，真心感謝大家對於我的愛與支持！因為這份支持，讓我又開啟在布里斯本當地的實體教學以及這本書的問世。

這本書，想傳遞給大家的，其實不單單只是製作，是我想用不一樣的視野與視角，用與大部分的消費者一樣的同等位置為起點，就我對製作的理解，來說明敘述，讓讀者們，愛上烘焙，愛上製作，在製作過程中，也享受製作，也試著用另一種極簡美學的方式，呈現製作與作品，讓作品呈現在眼前，是喜悅與溫馨的！

這就是樸實的手作溫度，但也不失質感的呈現，希望讀者們可以邊欣賞圖片，邊享受製作，享受我想傳達的手作溫度！

ABOUT THE AUTHOR

◆ 現任
Sidney 的廚房樂園 FB 粉絲專頁管理員
食譜撰寫與食譜研發人員
布里斯本烘焙教室兼任烘焙教師

◆ 經歷
醫事技術放射師
營養師（減重與老人養護）
料理專欄作者

◆ 臉書粉絲頁
Sidney 的廚房樂園

◆ Instagram
sidney_chung

◆ YouTube
hsinni671115

CONTENTS

目錄

蛋糕

CHAPTER. 01

❋ 海綿與常溫蛋糕製作

麵包
bread

包子
bao zi

---------- CHAPTER. 03 ----------

台式小食
taiwanese snacks

---------- CHAPTER. 04 ----------

蛋白攪打狀態與應用

　　戚風蛋糕的製作，是以打發蛋白（蛋白霜）為主要基底，通過攪打注入空氣到蛋白中，讓蛋糕組織體積膨發；如果蛋白打發的狀態不對（過與不及），則不能使蛋糕膨發，甚至造成組織的不理想！

◢ 在攪打蛋白前，須注意的事項

① 鋼盆與攪打器具須為無油無水的狀態。

② 蛋白須冷藏狀態，攪打出來的蛋白霜才會穩定並細緻。

③ 夏天室溫高，也可將攪打的鋼盆連同蛋白一起事先冷藏至冰涼的狀態。

④ 打發時，可加入檸檬汁、白醋、蛋白粉，以穩定蛋白。

⑤ 全程須以同一個方向攪打，從始至終。

⑥ 細砂糖建議分三次加入蛋白中攪打，可以打出更大量的氣泡，體積也較大。

◢ 蛋白分三次加入細砂糖的時間點

時間點 1｜蛋白中具有稠狀的濃蛋白與液狀蛋白，須先將蛋白打散，切斷濃蛋白的稠狀連結後，加入⅓細砂糖，用電動打蛋器，以中高速打發至大泡泡出現。

時間點 2｜攪打至蛋白出現細小泡泡，再加入⅓量的細砂糖，以中速繼續攪打。

時間點 3｜攪打至出現紋路後，加入最後⅓量的細砂糖，以中速繼續攪打。

◢ 蛋白打發的狀態應用

適用｜輕乳酪蛋糕。
攪打至提起打蛋器，蛋白柔軟帶彈性，晃動不會輕易滴落下來，尾巴約 2 ～ 3 指幅長度，濕性發泡狀態。

適用｜管狀戚風蛋糕，或是蛋糕捲、古早味蛋糕、天使蛋糕等。
攪打至提起打蛋器，蛋白挺立些，尾端帶彎鉤，偏濕性發泡狀態，打蛋器提起前，轉為低速打發 10 ～ 15 秒，可讓蛋白更加細緻。

適用｜杯子蛋糕。
攪打至提起打蛋器時，蛋白挺立，尾端微彎，偏乾性發泡狀態，打蛋器提起前，轉為低速打發 10 ～ 15 秒，以讓蛋白更加細緻。

適用 圓模戚風，或是達克瓦茲、蛋白糖。

攪打至提起打蛋器時，尾端直立，為乾性狀態，打蛋器提起前，轉為低速攪打 10 ～ 15 秒，讓蛋白霜更加細緻。

麵團攪打狀態與應用

攪拌好的麵團須有乾而不黏手的感覺，麵團經過攪拌產生筋性，因麵筋讓麵團保有膨脹性，讓麵團在發酵，以及烤焙過程中可保存大量的氣體，讓麵包組織鬆軟。

麵團攪拌的各階段狀態

1 拾起階段

攪拌機轉速 慢速

將材料放入鋼盆，並用桌上型攪拌機將所有乾、濕性材料以慢速攪拌成團，直至外觀有顆粒感，整體手感為鬆散，沒辦法拉長狀態。

2 捲起階段

攪拌機轉速 慢速

麵團除了成團，液體也被吸收了，開始慢慢產生彈性，初步產生麵筋，雖然還是會黏手，但已經可以拿起來了。

3 擴展階段

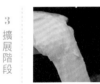

攪拌機轉速 中速

麵團此時呈現帶彈性且有光澤感，攪拌時可以聽到麵團與攪拌盆產生拍缸聲，取一小塊，麵團可以拉長且攤開呈現粗糙薄膜，薄膜呈現粗糙鋸齒狀。

4 無鹽奶油加入階段

加入室溫軟化無鹽奶油後，以慢速攪拌至無鹽奶油被麵團吸收，再轉中速甩打麵團。

5 完成階段

此時麵團已充分與無鹽奶油拌勻，外觀光滑，呈現三光狀態（指手光、盆光、麵團光），以及麵團帶有彈性，用手可撐出強韌的薄膜，但非沒彈性容易斷裂黏手貌（圖一）。

拉出的薄膜可透光，裂口的邊緣呈平滑、沒有鋸齒狀態（圖二）。

（圖一） （圖二）

CHAPTER

1

蛋糕

CAKE

基礎海綿蛋糕
Basic Sponge Cake

INGREDIENTS 使用材料

① 全蛋（去殼）............ 130 克
② 蛋黃 .... 15 克
③ 細砂糖 .... 40 克
④ 無鹽奶油 .... 10 克
⑤ 鮮奶 .... 15 克
⑥ 蜂蜜 .... 15 克
⑦ 低筋麵粉 .... 50 克
⑧ 玉米粉 .... 10 克

STEP BY STEP 步驟說明

前置作業

01　預熱烤箱，上火 170℃、下火 140℃。

02　取 6 吋的活底模具，在底部鋪上一層烘焙紙，使蛋糕易脫模。
　　❀ 海綿蛋糕可以使用不沾模或非不沾模。

03　取一容器，倒入無鹽奶油、鮮奶，放置一旁備用。

海綿蛋糕麵糊製作

04　取攪拌盆，倒入全蛋、蛋黃、細砂糖，以不超過 60℃的水溫隔水加熱。
　　❀ 若全蛋事先隔水加熱，則有助於後續的打發，蛋糕體也會比沒加熱的狀態蓬鬆。

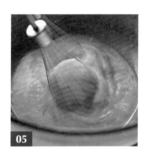

05　同時用電動打蛋器，以低速打發全蛋、蛋黃、細砂糖。

06　在全蛋、蛋黃、細砂糖隔水加熱的溫度升至 36℃～ 40℃時，即可離開隔水加熱盆，為全蛋糖糊。

07　同時將蜂蜜及備用的無鹽奶油、鮮奶放入隔水加熱盆中，以隔水加熱的方式融化材料，備用。
　　❀ 因蜂蜜較濃稠，透過隔水加熱，會讓蜂蜜流動性較佳，操作上會比較好拌勻；另外無鹽奶油在低溫時黏性強，較不好拌勻於麵糊中；高溫時黏性弱，較利於拌勻於麵糊中。

08 用電動打蛋器，以中速攪打全蛋糖糊，直至全蛋糖糊體積膨大，略有紋路，加入帶有流動性的蜂蜜，持續攪打。

09 將攪拌頭提起，在全蛋糖糊滴落後，若出現 2～3 秒才消失的摺痕，再轉至慢速再攪打 30 秒，釋出大氣泡，為蛋糕糊。

10 將低筋麵粉、玉米粉分 2～3 次過篩至蛋糕糊，翻拌均勻，為蛋糕麵糊。

11 取一容器，從蛋糕麵糊中取出少許麵糊，加入融化後的無鹽奶油、鮮奶，拌勻。

   ❀ 理想完成麵糊溫度為 25℃，這也是要加溫無鹽奶油與鮮奶的原因，可使麵糊氣泡較不易破壞。

12 將拌勻好的麵糊，倒回蛋糕麵糊中，拌勻，海綿蛋糕麵糊即完成。

烘烤

13 將海綿蛋糕麵糊倒入模具。

14 放入烤箱，以上火 170℃、下火 140℃烘烤約 30 分鐘，出爐後靜置放涼，即可脫模，完成基礎海綿蛋糕製作。

台式小牛粒

Hu-Ling-Kah

INGREDIENTS 使用材料

蛋糕體		
① 蛋黃	38 克
② 細砂糖 a	20 克
③ 冰蛋白	42 克
④ 細砂糖 b	30 克
⑤ 低筋麵粉	55 克

內餡		
⑥ 糖粉 a（裝飾）	適量
⑦ 無鹽奶油（室溫軟化）	50 克
⑧ 糖粉 b	15 克

15

前置作業

01 預熱烤箱，上火 190℃、下火 120℃。

02 將低筋麵粉過篩，備用。

03 將無鹽奶油放置室溫軟化，備用

蛋糕體製作

04 取一容器，倒入蛋黃、細砂糖 a，用電動打蛋器，以高速打發至在蛋糖糊上能畫線寫字，並能維持 2 秒不消失（即不消泡），為蛋黃糊，可讓其與蛋白霜的質地相同，後續較好拌勻。

　　　❀ 該作法為分蛋海綿法，將蛋黃及蛋白分別攪打後，兩者再拌勻，屬於海綿蛋糕的作法，而非戚風蛋糕。

05 在攪拌盆中倒入冰蛋白，用電動打蛋器，以中高速打發至出現大泡泡後：

　　① 先加入⅓量的細砂糖 b，轉至中速攪打至蛋白體積膨大，

　　② 再加入另外⅓量的細砂糖 b，持續攪打至有痕跡後，

　　③ 加入最後⅓量的細砂糖 b，攪打至尾端直立，呈乾性發泡的狀態。

　　　❀ 在攪拌頭提起前，以低速打發 30 秒，使蛋白更加細緻，為蛋白霜。

06 將蛋黃糊全部倒入蛋白霜。

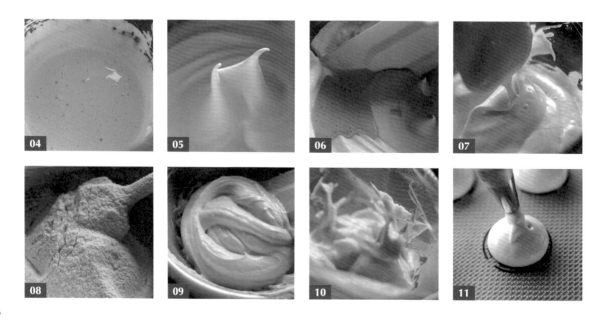

07 用刮刀翻拌均勻。

08 加入過篩後的低筋麵粉。

09 用刮刀翻拌均勻，為蛋糕麵糊。

10 將蛋糕麵糊倒入擠花袋中。
   ❀ 擠花袋已事先套上約 0.5 ～ 0.6 公分寬的圓形花嘴。

11 將烘焙紙放在烤盤上，並擠上約 3 ～ 3.5 公分的圓形狀。

12 在表面撒上糖粉 a。
   ❀ 建議撒到蛋糕麵糊無法再吸收糖粉的狀態，成品表面較不易烤裂開。

13 放入烤箱，以上火 190℃、下火 120℃烘烤 8 分鐘，待表面結皮後，再以上火 170℃、
   下火 140℃，烘烤 5 分鐘。

14 出爐後，用毛刷刷去表面的糖粉 a，完成蛋糕製作。

內餡製作

15 取一容器，倒入軟化的無鹽奶油、糖粉 b，用打蛋器攪打至鬆發的狀態，完成內餡
   製作。
   ❀ 內餡可依個人喜好做變化，例如：加入草莓醬、巧克力醬，也能以奶油與蜂蜜、或楓糖
     一起攪打至鬆發。

組合

16 將夾餡抹上蛋糕底部（貼烤盤那面），再拿另一塊蛋糕疊合，完成台式小牛粒製作。
   ❀ 也可先將夾餡倒入擠花袋內，再擠至蛋糕底部（貼烤盤那面）上，會較好操作。

街頭雞蛋糕
Tea Cakes

INGREDIENTS 使用材料

① 蛋黃 ──────────── 20 克
② 冰蛋白 ──────────── 35 克
③ 細砂糖 a ──────────── 5 克
④ 細砂糖 b ──────────── 15 克
⑤ 低筋麵粉 ──────────── 22 克
⑥ 動物性鮮奶油 ──────────── 20 克
⑦ 巧克力醬 ──────────── 適量

STEP BY STEP 步驟說明

前置作業

01 預熱烤箱，上火 160℃、下火 180℃。

02 將蛋白、蛋黃分開取出備用。

03 將低筋麵粉過篩，備用。

04 準備一個心型 8 連模。

蛋糕麵糊製作

05 取一容器，倒入蛋黃、細砂糖 a，用電動打蛋器，以高速攪打至變淡黃色的濃稠狀態，
為蛋黃糊。

06 在攪拌盆中倒入冰蛋白，用電動打蛋器，以中高速打發至出現大泡泡後：

① 先加入⅓量的細砂糖 b，轉至中速攪打至蛋白體積膨大，

② 再加入另外⅓量的細砂糖 b，持續攪打至有摺痕，

③ 加入最後⅓量的細砂糖 b，攪打至尾端直立，呈乾性發泡的狀態，在攪拌頭提
起前，轉低速打發 30 秒，使蛋白更加細緻，為蛋白霜。

07 將蛋黃糊全部倒入蛋白霜。

08 用刮刀翻拌均勻。

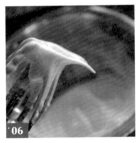
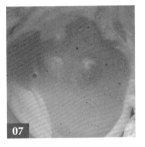
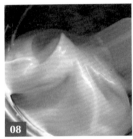

09　加入過篩後的低筋麵粉，拌勻。

10　加入動物性鮮奶油，拌勻，為蛋糕麵糊。

組合

11　將蛋糕麵糊倒入擠花袋，並在尖端剪開一小口後，擠入約模具的 ½ 高度的麵糊在心型 8 連模中。
　　❀ 有造型的模子會讓成品較可愛，如果模子為不防沾，須事先抹油、撒麵粉，防止脫模時沾黏。

12　將少許巧克力醬擠在蛋糕麵糊中。
　　❀ 巧克力醬可使用市售早餐巧克力抹醬。

13　再將剩餘蛋糕麵糊擠入 8 連模中，高度約 8 ～ 9 分滿。
　　❀ 該配方可製作 7 顆小愛心。

14　放入烤箱，以上火 160℃、下火 180℃，烘烤 12 分鐘，出爐後，完成街頭雞蛋糕製作。

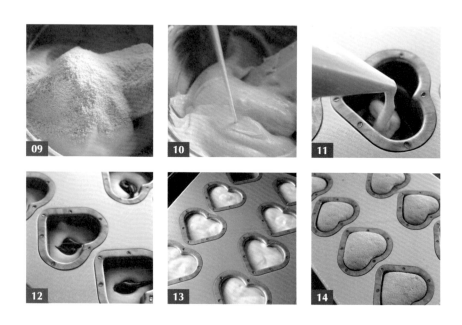

檸檬糖霜蛋糕
Lemon Icing Cake

INGREDIENTS 使用材料

	檸檬蛋糕體				檸檬糖霜	
	① 全蛋（去殼約 2 顆）	100 克		⑧ 檸檬汁 a	15 克	
	② 蛋黃（約 2 顆）	30 克		⑨ 檸檬 a（刨絲）	2 小匙	
	③ 上白糖	63 克		⑩ 檸檬汁 b	20 克	
	④ 海藻糖	27 克		⑪ 糖粉	100 克	
	⑤ 低筋麵粉	100 克		⑫ 檸檬 b（刨絲裝飾）	適量	
	⑥ 無鹽奶油	50 克				
	⑦ 有鹽奶油	40 克				

檸檬蛋糕體

① 全蛋（去殼約 2 顆） ──── 100 克
② 蛋黃（約 2 顆）──── 30 克
③ 上白糖 ──── 63 克
④ 海藻糖 ──── 27 克
⑤ 低筋麵粉 ──── 100 克
⑥ 無鹽奶油 ──── 50 克
⑦ 有鹽奶油 ──── 40 克

檸檬糖霜

⑧ 檸檬汁 a ──── 15 克
⑨ 檸檬 a（刨絲）──── 2 小匙
⑩ 檸檬汁 b ──── 20 克
⑪ 糖粉 ──── 100 克
⑫ 檸檬 b（刨絲裝飾）──── 適量

前置作業

01 預熱烤箱，上火 170℃、下火 140℃。

02 取 6 吋活底模具，在底部鋪上一層烘焙紙。

　　❀ 若非活動模具，可在模具的周圍抹油、撒麵粉，有助於脫模。

03 將檸檬 a、b 分別刨絲，為檸檬絲 a、檸檬絲 b。

04 在鍋中倒入無鹽奶油、有鹽奶油，加熱至融化，關火，為融化的奶油，備用。

　　❀ 此製作中混合有鹽奶油，是為了平衡成品的甜度及風味，該步驟可利用爐子的餘溫，讓油脂保持微溫的溫度，較有助於後續的拌勻動作。

檸檬蛋糕體製作

05 取隔水加熱盆，倒入全蛋、蛋黃、上白糖、海藻糖。

　　❀ 若無海藻糖可以用細砂糖或上白糖代替。

06 以隔水加熱的方式，用電動打蛋器攪拌至糖融化，當溫度至 36℃～40℃，及用手摸能感到微溫的狀態時，離開隔水加熱盆，為全蛋糖糊。

　　❀ 適度加熱可以幫助全蛋打發，蛋糕體也會比在沒加熱的狀態蓬鬆。

　　❀ 海藻糖為天然糖類，雖甜度比細砂糖低，但熱量是一樣的，由於對於糕點的保濕性佳而添加，但僅會用部分取代總糖量，否則會影響打發狀態。

07 用電動打蛋器，以中高速打發至在全蛋糖糊上能畫線寫字，並能維持 3～4 秒不消失，即完成全蛋糊打發。

08 先將低筋麵粉倒入篩網，可透過湯匙等器具或用手敲篩網的方式，將粉類同時過篩至全蛋糊中，再用刮刀翻拌均勻，為麵糊。

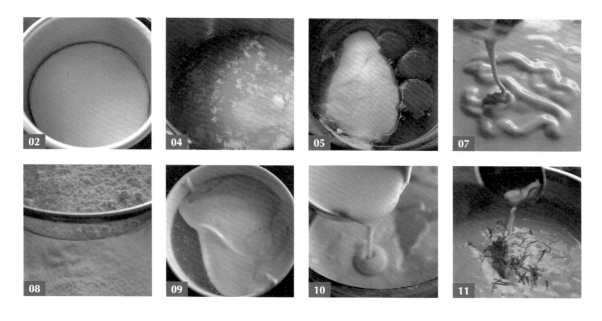

09　取一小碗，倒入少許麵糊、融化的奶油，翻拌均勻。

10　再將小碗的液體倒回麵糊中，翻拌均勻。

11　加入檸檬絲 a、檸檬汁 a，拌勻，為檸檬蛋糕麵糊。

12　將檸檬蛋糕麵糊倒入六吋模具後，使用筷子或蛋糕測試針在麵糊中畫圈，以消去大氣泡，也能讓表面變平滑。

　　❀ 麵糊的狀態應是濃稠，且能短暫留下筷子或蛋糕測試針劃過的痕跡。

13　放入烤箱，以上火 170℃、下火 140℃，烘烤約 30 ～ 35 分鐘後出爐，待放涼後即可脫模，完成檸檬蛋糕體製作。

　　❀ 可在出爐前插入蛋糕測試針測試，若無沾黏生麵糊，則代表蛋糕已烤熟。

檸檬糖霜製作、 組合

14　取一容器，放入糖粉，分次倒入檸檬汁 b，用迷你打蛋器慢慢攪拌，為糖霜，拌至糖霜流下為緞帶重疊狀，完成檸檬糖霜製作。

　　❀ 糖霜的流動性會因檸檬汁的多寡而有所影響，所以可分次慢慢加入，直到需要的濃度出現。

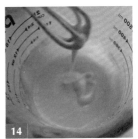

15　將脫模好的檸檬蛋糕體放在烤架上。

16　將檸檬糖霜淋在檸檬蛋糕體的表面。

　　❀ 可在蛋糕表面刨些許檸檬絲，為蛋糕裝飾。

17　盛盤，即可享用。

　　❀ 可在室溫下直接享用；或是放置冷藏一夜，隔天享用時，味道會更足，口感也會更加濕潤。

TIPS

　　檸檬糖霜為，糖粉：檸檬汁＝ 5：1 為濃稠比例。越濃稠，檸檬汁越少、糖霜色較白；越稀，檸檬汁越多、糖霜色偏透明。

巧克力磅蛋糕

Chocolate Bound Cake

INGREDIENTS 使用材料

巧克力蛋糕體

① 無鹽奶油		30 克
② 有鹽奶油		40 克
③ 動物性鮮奶油 a		35 克
④ 橙酒		20 克
⑤ 90% 巧克力 a		15 克
⑥ 低筋麵粉		90 克
⑦ 無糖可可粉		20 克
⑧ 全蛋（去殼約 2 顆）		100 克

甘納許抹面

⑨ 蛋黃（約 1 顆）		15 克
⑩ 細砂糖		60 克
⑪ 海藻糖		20 克
⑫ 54.5% 巧克力		140 克
⑬ 90% 巧克力 b		60 克
⑭ 動物性鮮奶油 b		100 克

前置作業

01 預熱烤箱,上火 170℃、下火 140℃。

02 取 6 吋活底模具,在底部鋪上一層烘焙紙。

✿ 若非活動模具,則可在模具的周圍抹油、撒麵粉,有助於脫模。

03 將低筋麵粉、無糖可可粉過篩,備用。

巧克力蛋糕體製作

04 在鍋中倒入無鹽奶油、有鹽奶油、動物性鮮奶油 a、橙酒、90% 巧克力 a,加熱至約 50℃,奶油融化後,離火。

✿ 橙酒可用等量的鮮奶替換,但成品的風味會有些許差異。

05 加入過篩後的低筋麵粉、無糖可可粉。

06 用刮刀翻拌均勻,外觀為光亮的絲滑狀態,為巧克力麵糊,並以 40℃的溫水,隔水保溫巧克力麵糊。

✿ 因麵糊含有巧克力、奶油,所以放在溫水中保溫,有利於後續的操作。

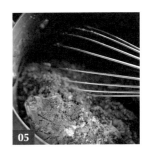

07 取攪拌盆,倒入全蛋、蛋黃、細砂糖、海藻糖。

✿ 若無海藻糖可用細砂糖或上白糖代替。

08 以隔水加熱的方式,用打蛋器攪拌至細砂糖融化,直至當溫度加熱至 36℃ ~ 40℃,手摸感到微溫的狀態時,離開隔水加熱盆,為全蛋糖糊。

✿ 適度加熱可以幫助全蛋打發,蛋糕體也會比在沒加熱的狀態蓬鬆。

✿ 海藻糖為天然糖類,雖甜度比細砂糖低,但熱量是一樣的,主要是對糕點的保濕性佳才添加,但僅會用部分取代總糖量,否則會影響打發狀態。

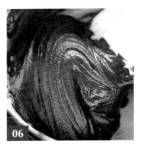

09 用電動打蛋器，以中高速攪打至在全蛋糖糊上能畫線寫字，並能維持 3 ～ 4 秒不消失，即完成全蛋糊打發。

10 將打發好的全蛋糊分 3 ～ 4 次，加入巧克力麵糊中，並用刮刀翻拌均勻。

11 每拌勻一次巧克力麵糊，再加入打發好的全蛋糊，可以讓原本較難拌開的濃稠麵糊，變得越來越蓬鬆，還帶點流動感，較好拌開。

12 拌勻後，即完成巧克力蛋糕麵糊，完成狀態為滴落後會有摺痕。

13 將巧克力蛋糕麵糊倒入模具中，倒的過程中，麵糊會有摺痕，呈濃稠狀，而非液體狀。

14 倒入完成後，巧克力蛋糕麵糊在模具中的高度應有 6 ～ 7 分滿。

　　❀ 若在同樣的條件下，巧克力蛋糕麵糊低於此高度，可能是巧克力蛋糕麵糊已消泡。

15 取蛋糕測試針或筷子，在巧克力蛋糕麵糊中畫圈，以消去大氣泡，放入烤箱，以上火 170℃、下火 140℃，烘烤 35 分鐘後出爐，待放涼後即可脫模，完成巧克力蛋糕體製作。

　　❀ 此蛋糕體無須倒扣，可在出爐前插入筷子或蛋糕測試針測試，若無沾黏生麵糊，則代表蛋糕已烤熟。

甘納許抹面製作

16 將 54.5% 巧克力、90% 巧克力 b，以及動物性鮮奶油 b 分別倒入兩個量杯中，以隔水加熱的方式，將水溫加熱至 50℃，以融化材料。

　　❀ 可依個人喜好變換可可脂含量。

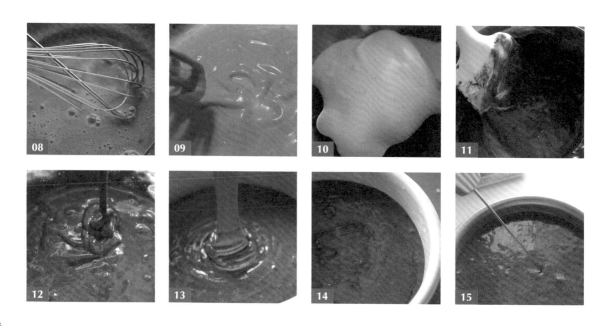

17 稍微攪拌融化後的巧克力，呈現絲滑光亮的狀態。

18 倒入微溫的動物性鮮奶油，用刮刀拌勻，為甘納許。

　　❀ 因為溫度過低的動物性鮮奶油，在加入巧克力後，較會造成結塊、攪拌不均的狀況，所以動物性鮮奶油一定要是微溫的狀態。

19 將甘納許在室溫放至全涼，完成甘納許抹面製作。

　　❀ 甘納許的質地為絲滑光亮，且滑順無顆粒感。

組合

20 將放涼的巧克力蛋糕體從中間切開，為巧克力蛋糕片。

21 將⅓量的甘納許均勻抹在巧克力蛋糕片上。

　　❀ 因甘納許已放至全涼，所以流動性不大，較不會抹出蛋糕片外。

22 將第二片巧克力蛋糕片蓋在甘納許上。

23 用抹刀將剩餘的甘納許，均勻抹在巧克力蛋糕的周圍，盛盤，即可享用。

　　❀ 若不立即享用，也能放入冰箱冷藏密封保存，待享用時，再從冰箱取出，並放置室內回溫，讓蛋糕回到室溫狀態，風味較佳。

瑪德蓮小蛋糕

Lemon Madeleines

INGREDIENTS 使用材料

① 香水檸檬（刨絲）⋯⋯⋯⋯⋯ 1 顆
② 細砂糖 ⋯⋯⋯⋯⋯⋯⋯⋯⋯ 70 克
③ 全蛋（去殼約 2 顆）⋯⋯⋯ 100 克
④ 蜂蜜 ⋯⋯⋯⋯⋯⋯⋯⋯⋯⋯ 20 克
⑤ 低筋麵粉 ⋯⋯⋯⋯⋯⋯⋯⋯ 70 克
⑥ 泡打粉 ⋯⋯⋯⋯⋯⋯⋯⋯⋯ 5 克
⑦ 杏仁粉 ⋯⋯⋯⋯⋯⋯⋯⋯ 10 克
⑧ 無鹽奶油 ⋯⋯⋯⋯⋯⋯⋯⋯ 80 克
⑨ 檸檬汁 ⋯⋯⋯⋯⋯⋯⋯⋯⋯ 15 克

STEP BY STEP 步驟說明

前置作業

01 預熱烤箱，上火 180℃、下火 180℃。

02 準備大瑪德蓮模具。

03 以隔水加熱的方式融化無鹽奶油，為融化奶油，備用。

04 將低筋麵粉、泡打粉、杏仁粉過篩，備用。

檸檬細砂糖製作

05 取一容器，先倒入細砂糖後，用刨皮刀將香水檸檬刨絲在細砂糖上方。
※ 檸檬絲約 5 克。

06 用指腹搓揉香水檸檬絲、細砂糖，待釋出檸檬的香氣後，為檸檬細砂糖。

07 將檸檬細砂糖靜置備用。

03

05

06

07

瑪德蓮製作

08 取一容器，倒入全蛋、檸檬細砂糖，拌勻。

09 加入蜂蜜，拌勻。

　　❀ 若蜂蜜非常濃稠，則可事先隔水加熱至有流動性。

10 加入過篩後的低筋麵粉、泡打粉、杏仁粉，拌勻。

11 加入融化奶油，拌勻。

12 加入檸檬汁，稍微攪拌後，為瑪德蓮麵糊，並放進冰箱冷藏，靜置 12 小時以上。

　　❀ 長時間的靜置可使食材風味更加融合，口感也會更濕潤，若不靜置，則口感會較蓬鬆。

13 從冷藏取出，放置室溫 30 ～ 60 分鐘，讓瑪德蓮麵糊回溫後，倒入擠花袋。

14 在擠花袋的尖端剪一小開口，並將瑪德蓮麵糊擠入模具中，約 8 分滿。

15 放入烤箱，以上火 180℃、下火 180℃，烘烤 15 ～ 16 分鐘後出爐，脫模，完成瑪德蓮製作，即可享用。

　　❀ 因該作法使用大瑪德蓮的模具，所以烘烤時間較長，若使用一般大小的模具，則烘烤時間可調整為約 10 ～ 12 分鐘。

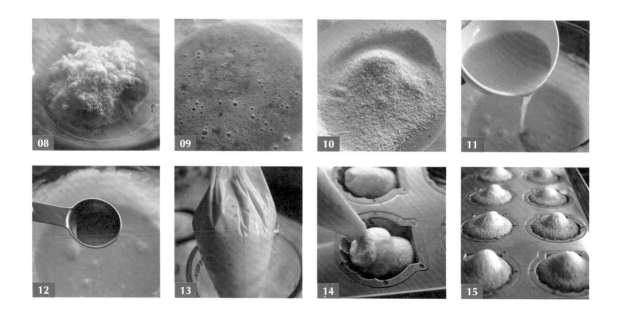

檸檬造型海綿蛋糕
Taiwan Style Lemon Cake

INGREDIENTS 使用材料

① 鮮奶 ⋯⋯⋯⋯⋯⋯⋯⋯⋯ 10 克
② 無鹽奶油 ⋯⋯⋯⋯⋯⋯⋯ 30 克
③ 全蛋（去殼）⋯⋯⋯⋯⋯ 75 克
④ 蛋黃 ⋯⋯⋯⋯⋯⋯⋯⋯⋯ 18 克
⑤ 細砂糖 ⋯⋯⋯⋯⋯⋯⋯⋯ 45 克
⑥ 低筋麵粉 ⋯⋯⋯⋯⋯⋯⋯ 50 克
⑦ 香水檸檬（刨絲）⋯⋯⋯ 1 顆
⑧ 檸檬汁 ⋯⋯⋯⋯⋯⋯⋯⋯ 10 克
⑨ 檸檬巧克力 ⋯⋯⋯ 200 ～ 250 克

STEP BY STEP 步驟說明

前置作業

01 預熱烤箱，上火 180℃、下火 180℃。

02 準備檸檬形狀的不沾烤模。

03 取一容器，倒入鮮奶、無鹽奶油，以隔水加熱的方式，融化無鹽奶油，為奶油鮮奶。

04 將香水檸檬刨絲，為香水檸檬絲。

05 將低筋麵粉過篩，備用。

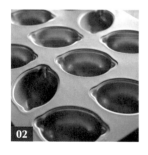

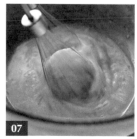

檸檬海綿蛋糕體製作

06 在攪拌盆內，倒入全蛋、蛋黃、細砂糖，並放在隔水加熱盆上。

07 用電動打蛋器攪拌至細砂糖融化，當溫度加熱至約 36℃～40℃，用手摸感到微溫的狀態時，離開隔水加熱盆，為全蛋糖糊。
⊛ 適度的加熱可以幫助全蛋打發，蛋糕體也比在沒加熱的狀態蓬鬆。

08 用電動打蛋器，以中高速攪打至在全蛋糖糊上能畫線寫字，並能維持 3～4 秒不消失，即完成打發。

09 加入過篩後的低筋麵粉。

10 用刮刀翻拌均勻，為全蛋麵糊。

11 取一容器，倒入奶油鮮奶、少許的全蛋麵糊，用刮刀翻拌均勻。

12 承步驟 11，翻拌均勻後，再倒回全蛋麵糊中。

13 用刮刀翻拌均勻。

14 加入香水檸檬絲、檸檬汁，翻拌均勻，為檸檬海綿蛋糕麵糊。

15 將檸檬海綿蛋糕麵糊倒入擠花袋。
⊛ 可先將擠花袋套在容器上，讓麵糊較好倒入。

16 在擠花袋尖端剪一小開口，並將檸檬海綿蛋糕麵糊擠入檸檬形狀的不沾烤模。

17 依序將檸檬海綿蛋糕麵糊擠入烤模中，約 8 分滿。

18 放入烤箱，以上火 180℃、下火 180℃，烘烤 15 分鐘後出爐，待不沾烤模稍涼即可脫模，為檸檬海綿蛋糕。

　　❀ 該配方可製作約 10 顆檸檬海綿蛋糕。

抹醬製作

19 將檸檬巧克力隔水加熱至融化，呈現有流動性後，為檸檬巧克力醬。

　　❀ 若不想在蛋糕表面有檸檬巧克力醬，則可省略該步驟。

組合

20 將檸檬巧克力醬倒入原本的不沾烤模，每格約放入 20 克～ 25 克檸檬巧克力醬。

21 將已放涼的檸檬海綿蛋糕放入模具，讓表面能沾附檸檬巧克力醬。

22 放進冰箱，冷凍約 8 ～ 10 分鐘至檸檬巧克力凝固，取出後脫模，即可享用。

茶香鹹蛋糕

Earl Grey Tea Sponge Cake (Savory)

INGREDIENTS 使用材料

① 全蛋（去殼） ⟶ 130 克
② 蛋黃 ⟶ 15 克
③ 細砂糖 ⟶ 40 克
④ 蜂蜜 ⟶ 15 克
⑤ 無鹽奶油 ⟶ 10 克
⑥ 鮮奶 ⟶ 15 克
⑦ 伯爵茶粉 ⟶ 3 克
⑧ 低筋麵粉 ⟶ 50 克
⑨ 玉米粉 ⟶ 10 克
⑩ 蔥花 ⟶ 適量
⑪ 肉鬆 ⟶ 適量
⑫ 黑芝麻 ⟶ 適量

STEP BY STEP 步驟說明

前置作業

01 預熱烤箱，上火 170℃、下火 140℃。

02 取 6 吋的活底模具，在底部鋪上一層烘焙紙，使蛋糕易脫模。

　※ 海綿蛋糕可以使用不沾模或非不沾模。

03 將無鹽奶油、鮮奶倒入同一個容器裡，備用。

04 將蜂蜜倒入容器中，備用。

05 將低筋麵粉、玉米粉、伯爵茶粉拌勻，過篩，為過篩粉類，備用。

鹹蛋糕製作

06   取攪拌盆，倒入全蛋、蛋黃、細砂糖，以不超過 60℃ 的水溫隔水加熱。

    ❀ 若全蛋事先隔水加熱，則有助於後續的打發，蛋糕體也會比沒加熱的狀態蓬鬆。

07   用電動打蛋器，以低速打發全蛋、蛋黃、細砂糖。

08   在全蛋、蛋黃、細砂糖隔水加熱的溫度升至 36℃ ～ 40℃ 時，即可離開隔水加熱盆，
    為全蛋糖糊。

09   同時將備好的蜂蜜及備用的無鹽奶油、鮮奶放入隔水加熱盆中，以隔水加熱的方式
    融化材料，備用。

    ❀ 因蜂蜜較濃稠，透過隔水加熱，會讓蜂蜜流動性較佳，操作上會比較好拌勻；另外無鹽
      奶油在低溫時黏性強，較不好拌勻於麵糊中；高溫時黏性弱，較利於拌勻於麵糊中。

10   用電動打蛋器，以中速攪打全蛋糖糊，直至全蛋的體積膨大，略有紋路，加入帶有
    流動性的蜂蜜，持續攪打。

11   將攪拌頭提起，在全蛋糖糊滴落後，若出現 2 ～ 3 秒不消失的摺痕，則轉至低速攪
    打約 30 秒，釋出大氣泡，為蛋糕糊。

12   將步驟 5 的過篩粉類分 2 ～ 3 次加入蛋糕糊，用刮刀翻拌均勻，為蛋糕麵糊。

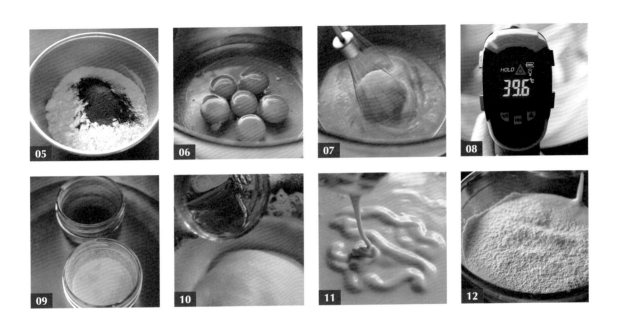

13　再取一小容器，從蛋糕麵糊中取出少許麵糊，加入融化後的無鹽奶油及鮮奶，翻拌均勻。

　　❀ 理想完成麵糊溫度為 25℃，這也是要加溫無鹽奶油與鮮奶的原因，可使麵糊氣泡較不易被破壞。

14　將拌好的麵糊，再倒回蛋糕麵糊中，拌勻，鹹蛋糕麵糊即完成。

15　在模具中倒入一半的鹹蛋糕麵糊。

16　在表面撒上適量的蔥花、肉鬆。

17　再將剩餘的鹹蛋糕麵糊倒入模具中。

18　最後，把剩餘的蔥花、肉鬆、黑芝麻撒在鹹蛋糕麵糊的表面上。

　　❀ 黑芝麻可替換為白芝麻。

19　放入烤箱，以上火 170℃、下火 140℃烘烤約 30 分鐘。

20　出爐後靜置放涼，無須倒扣就能脫模，完成茶香鹹蛋糕製作，即可享用。

原味戚風蛋糕
Basic Chiffon Cake

INGREDIENTS 使用材料

	材料	重量
蛋黃麵糊	① 蛋黃（約 3 顆）	53 克
	② 食用油	25 克
	③ 鮮奶	55 克
	④ 低筋麵粉	60 克
蛋白霜	⑤ 冰蛋白（約 3 顆）	108 克
	⑥ 細砂糖	45 克
	⑦ 檸檬汁或白醋	½ 小匙

STEP BY STEP 步驟說明

前置作業

01 預熱烤箱，上火 180℃、下火 110℃。

02 準備非不沾六吋戚風圓模。

　　　❋ 製作戚風時，須選用非不沾模具。

蛋黃麵糊製作

03 取一容器，倒入蛋黃、食用油拌勻。

　　　❋ 建議使用方便取得且氣味淡的油，例如：玄米油、葡萄籽油、酪梨油，因此較不建議使用花生油、芝麻油、橄欖油等氣味較強烈的油做蛋糕。

04 承步驟 3，用打蛋器快速拌勻，以達到完全乳化的效果，色澤會比蛋黃原本的顏色淡，呈偏白的狀態。

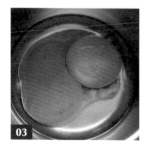

05 加入鮮奶，拌勻，為蛋奶糊。

06 先將低筋麵粉倒入篩網，可透過湯匙等器具或用手敲篩網的方式，將粉類同時過篩至蛋奶糊中，再用刮刀以 Z 字型的方式翻拌均勻。

　　❀ 以 Z 字型的方式翻拌，可避免麵粉出筋。

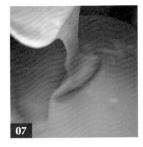

07 麵糊呈現流動性的狀態，完成蛋黃麵糊製作。

　　❀ 蛋黃麵糊表面須覆蓋上濕布以防結皮。

蛋白霜製作

08 將冰蛋白倒入乾淨無油的攪拌盆中，用電動打蛋器，以中高速打發至出現大泡沫，加入⅓量的細砂糖，再以中速繼續攪打。

　　❀ 冰涼的蛋白雖較難打發，但可以讓蛋白霜呈現更加細緻的狀態，而分 3 次加入細砂糖，也能讓蛋白霜更穩定。

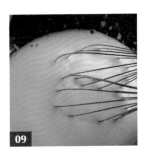

09 攪打至蛋白出現細小泡泡，再加入⅓量的細砂糖，以中速繼續攪打。

10 攪打至出現紋路後，加入最後⅓量的細砂糖、檸檬汁。

　　❀ 檸檬汁可用白醋代替，以讓蛋白霜的狀態穩定。

11 以中速攪打至尾端直立，為乾性狀態，攪拌頭提起前，再轉低速攪打 10 ～ 15 秒，讓蛋白更加細緻，完成蛋白霜製作。

　　❀ 將蛋白霜攪打至乾性狀態，烘烤後才有皇冠外型。

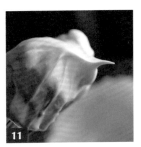

組合、烘烤

12 取⅓量的蛋白霜加入蛋黃麵糊，拌勻。

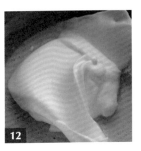

13　再倒回剩餘的蛋白霜中，用刮刀翻拌均勻，為麵糊。

14　麵糊的狀態為濃稠狀，外觀光亮，完成戚風蛋糕麵糊製作。
　　❀ 若麵糊的流動性佳，呈水狀，表面不斷浮出氣泡，則代表麵糊已消泡。

15　將戚風蛋糕麵糊倒入圓模內。

16　使用筷子或蛋糕測試針在戚風蛋糕麵糊中畫圈，以消去大氣泡，也能讓表面變平滑。

17　放進烤箱，以上火 180℃、下火 110℃，烘烤 8 分鐘後，表面呈結皮狀態，取出蛋糕。

18　在蛋糕表面畫線，再以上火 170℃、下火 100℃，烘烤 27 分鐘。
　　❀ 畫線是因為當蛋糕表面受熱裂開時，裂口會較整齊。

19　出爐後，將模具倒扣，室溫放置全涼，脫模後即可享用。
　　❀ 脫模方法可參考影片 QRcode。

圓模脫模方法
影片 QRcode

TIPS

◆ 1 小匙為 5 克。

◆ 蛋白霜完成時，若是溫度太高，會造成蛋白霜不細緻、不光亮且粗糙的狀態，較易影響成品組織與外型。

◆ 若要有完美的蛋白霜，除了使用冰涼蛋白外，夏天室溫高，也可以將攪打的攪拌盆（須無油無水的容器與道具）連蛋白一起事先冷藏至冰涼的狀態，有利於之後的操作！

可可戚風蛋糕
Chocolate Chiffon Cake

INGREDIENTS 使用材料

可可蛋黃麵糊
① 食用油	25	克
② 鮮奶	58	克
③ 低筋麵粉	50	克
④ 蛋黃（約 3 顆）	53	克
⑤ 君度橙酒	8	克
⑥ 可可粉	15	克

蛋白霜
⑦ 冰蛋白（約 3 顆）	108	克
⑧ 細砂糖	50	克
⑨ 檸檬汁或白醋	½	小匙

TIPS

◆ 蛋白霜完成時，若是溫度太高，會造成蛋白霜不細緻、不光亮且粗糙的狀態，較易影響成品組織與外型。

◆ 若要有完美的蛋白霜，除了使用冰涼蛋白外，夏天室溫高，也可以將攪打的攪拌盆（須無油無水的容器與道具）連蛋白一起事先冷藏至冰涼的狀態，有利於之後的操作！

◆ 燙麵法為將油與液體加熱，再加入粉類拌勻的操作方法。

前置作業

01 預熱烤箱,上火 180℃、下火 110℃。

02 準備非不沾六吋戚風圓模。
  ❀ 製作戚風時,須選用非不沾模具。

03 將低筋麵粉、可可粉過篩,備用。

可可蛋黃麵糊製作

04 該步驟為燙麵法的製作。在鍋中倒入食用油、鮮奶,將溫度加熱至 60℃~65℃後,關火。
  ❀ 建議使用方便取得且氣味淡的油,例如:玄米油、葡萄籽油、酪梨油,因此較不建議使用花生油、芝麻油、橄欖油等氣味較強烈的油做蛋糕。

05 加入過篩後的低筋麵粉、可可粉。

06 用打蛋器拌勻。

07 分 2～3 次加入蛋黃,須拌勻後,才可再加入,直至蛋黃用完。

08 加入君度橙酒,以增加風味,拌勻。
  ❀ 君度橙酒可用等量的鮮奶取代。

09 攪拌至光亮柔滑的狀態,完成可可蛋黃麵糊製作。
  ❀ 若蛋黃麵糊有乾硬、攪不動的狀態,須檢視步驟 4 的溫度是否過高,以及蛋黃麵糊表面須覆蓋上濕布以防結皮。

蛋白霜製作

10 將冰蛋白倒入乾淨無油的攪拌盆中,用電動打蛋器:
  ① 以中高速打發至大泡泡出現,加入⅓量的細砂糖,再以中速繼續攪打;

② 直至蛋白出現小泡泡，再加入⅓量的細砂糖，以中速繼續攪打；

③ 打至出現紋路時，加入⅓量的細砂糖、檸檬汁，以中速攪打至尾端直立，為乾性狀態；

④ 攪拌頭提起前，轉低速打發 10～15 秒，以讓蛋白更加細緻，完成蛋白霜製作。

　　❀ 檸檬汁可用白醋代替，以讓蛋白霜的狀態穩定。

組合、烘烤

11　取⅓量的蛋白霜加入可可蛋黃麵糊，拌勻。

12　再倒回剩餘的蛋白霜中，用刮刀翻拌均勻。

13　麵糊的狀態為濃稠狀，外觀光亮，完成可可戚風蛋糕麵糊製作。

　　❀ 若麵糊的流動性佳，呈水狀，表面不斷浮出氣泡，則代表麵糊已消泡。

14　將可可戚風蛋糕麵糊倒入圓模內。

15　使用筷子或蛋糕測試針在可可戚風蛋糕麵糊中畫圈，以消去大氣泡，也能讓表面變平滑。

16　放進烤箱，以上火 180℃、下火 110℃，烘烤 8 分鐘後，表面呈結皮狀態，取出蛋糕，並在蛋糕表面畫線，再以上火 170℃、下火 100℃，烘烤 27 分鐘。

　　❀ 畫線是因為當蛋糕表面受熱裂開時，裂口會較整齊。

17　出爐後，將模具倒扣，室溫放置全涼。

18　脫模後即可享用。

　　❀ 脫模方法可參考影片 QRcode。

圓模脫模方法
影片 QRcode

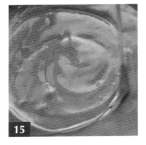

抹茶戚風蛋糕
Matcha Chiffon Cake

INGREDIENTS 使用材料

抹茶蛋黃麵糊	① 無糖抹茶粉	5 克
	② 滾水	20 克
	③ 蛋黃（約 3 顆）	53 克
	④ 食用油	25 克
	⑤ 鮮奶	45 克
	⑥ 低筋麵粉	50 克
蛋白霜	⑦ 冰蛋白（約 3 顆）	108 克
	⑧ 細砂糖	50 克
	⑨ 檸檬汁或白醋	½ 小匙

TIPS

◆ 蛋白霜完成時，若是溫度太高，會造成蛋白霜不細緻、不光亮且粗糙的狀態，較易影響成品組織與外型。

◆ 若要有完美的蛋白霜，除了使用冰涼蛋白外，夏天室溫高，也可以將攪打的攪拌盆（須無油無水的容器與道具）連蛋白一起事先冷藏至冰涼的狀態，有利於之後的操作！

前置作業

01 預熱烤箱，上火 180℃、下火 110℃。

02 準備非不沾六吋戚風圓模。

 ❀ 製作戚風時，須選用非不沾模具。

03 將無糖抹茶粉倒入滾水，拌勻，為抹茶液。

抹茶蛋黃麵糊製作

04 取一容器，倒入蛋黃、食用油，用打蛋器快速拌勻，以達到完全乳化的效果，色澤會比蛋黃原本的顏色淡，呈偏白的狀態。

 ❀ 建議使用方便取得且氣味淡的油，例如：玄米油、葡萄籽油、酪梨油，因此較不建議使用花生油、芝麻油、橄欖油等氣味較強烈的油做蛋糕。

05 加入鮮奶，拌勻。

06 加入抹茶液，拌勻，為抹茶蛋奶糊。

07 先將低筋麵粉倒入篩網，可透過湯匙等器具或用手敲篩網的方式，將粉類同時過篩至抹茶蛋奶糊中，再用刮刀以 Z 字型的方式翻拌均勻，為麵糊。

 ❀ 以 Z 字型的方式翻拌，可避免麵粉出筋。

08 將麵糊過篩後放置一旁，完成抹茶蛋黃麵糊製作，表面須覆蓋上濕布以防結皮。

 ❀ 為了避免抹茶粉結塊，會影響成品的美觀，建議麵糊過篩一遍。

蛋白霜製作

09 將冰蛋白倒入乾淨無油的攪拌盆中，用電動打蛋器：

 ① 以中高速打發至大泡泡出現，加入⅓量的細砂糖，再以中速繼續攪打；

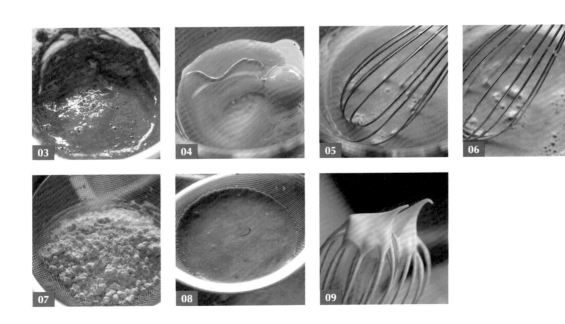

② 直至蛋白出現小泡泡，再加入⅓量的細砂糖，以中速繼續攪打；

③ 攪打至出現紋路時，加入最後⅓量的細砂糖、檸檬汁，以中速攪打至尾端直立，為乾性狀態；

④ 攪拌頭提起前，轉低速打發 10～15 秒，以讓蛋白更加細緻，完成蛋白霜製作。

❀ 檸檬汁可用白醋代替，以讓蛋白霜的狀態穩定。

組合、烘烤

10 取⅓量的蛋白霜加入抹茶蛋黃麵糊，拌勻。

11 再倒回剩餘的蛋白霜中，用刮刀翻拌均勻。

12 麵糊的狀態為濃稠狀，外觀光亮，完成抹茶戚風蛋糕麵糊製作。

❀ 若麵糊的流動性佳，呈水狀，表面不斷浮出氣泡，則代表麵糊已消泡。

13 將抹茶戚風蛋糕麵糊倒入圓模內。

14 使用筷子或蛋糕測試針在抹茶戚風蛋糕麵糊中畫圈，以消去大氣泡，也能讓表面變平滑。

15 放進烤箱，以上火 180℃、下火 110℃，烘烤 8 分鐘後，表面呈結皮狀態，取出蛋糕，並在蛋糕表面畫線，再以上火 170℃、下火 100℃，烘烤 27 分鐘。

❀ 畫線是因為當蛋糕表面受熱裂開時，裂口會較整齊。

16 出爐後，將模具倒扣，室溫放置全涼，脫模後即可享用。

❀ 脫模方法可參考影片 QRcode。

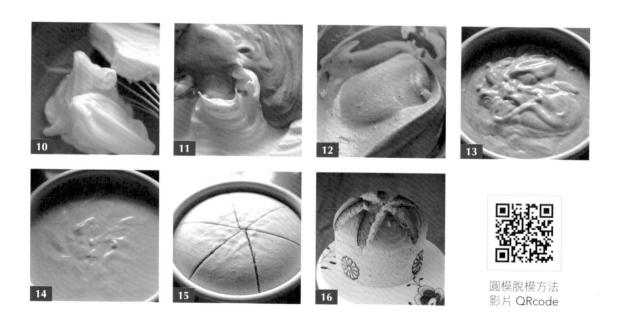

圓模脫模方法
影片 QRcode

咖啡戚風蛋糕

Coffee Chiffon Cake

TIPS

◆ 咖啡液的香氣會因各種品牌的烘焙程度不同，而有所差異，可直接使用咖啡機研磨出來的義式濃縮咖啡，濃度可隨個人喜好調整，只要液體重量與配方一樣即可。

◆ 咖啡酒是成品的香氣來源之一，若無該食材，可直接用咖啡液取代，但風味會較不同。

◆ 蛋白霜完成時，若是溫度太高，會造成蛋白霜不細緻、不光亮且粗糙的狀態，較易影響成品組織與外型。

◆ 若要有完美的蛋白霜，除了使用冰涼蛋白外，夏天室溫高，也可以將攪打的攪拌盆（須無油無水的容器與道具）連蛋白一起事先冷藏至冰涼的狀態，有利於之後的操作！

咖啡蛋黃麵糊

① 咖啡液 ……… 40 克
② 蛋黃（約 3 顆）- 55 克
③ 食用油 ……… 25 克
④ 咖啡酒 ……… 10 克
⑤ 低筋麵粉 ……… 55 克
⑥ 咖啡渣 ……… 10 克

蛋白霜

⑦ 冰蛋白（約 3 顆）
……… 103 克
⑧ 細砂糖 ……… 45 克
⑨ 檸檬汁或白醋 - 1 小匙

STEP BY STEP 步驟說明

前置作業

01 預熱烤箱，上火 180℃、下火 110℃。

02 準備非不沾六吋戚風圓模。
❀ 製作戚風時，須選用非不沾模具。

咖啡蛋黃麵糊製作

03 取一容器，倒入滾水 90 克、無糖即溶咖啡粉 1 小匙，拌勻至粉末散去，取 40 克，為咖啡液。
❀ 若使用咖啡機研磨，可選用咖啡機最濃縮模式，若選擇沖泡咖啡粉，建議選擇重烘焙風味。

04 另取一容器，倒入蛋黃、食用油，用打蛋器快速拌勻，以達到完全乳化的效果，色澤會比蛋黃原本的顏色淡，呈偏白的狀態。
❀ 建議使用方便取得且氣味淡的油，例如：玄米油、葡萄籽油、酪梨油，因此較不建議使用花生油、芝麻油、橄欖油等氣味較強烈的油做蛋糕。

05 加入咖啡酒、咖啡液，為咖啡蛋糊。

06 先將低筋麵粉倒入篩網，可透過湯匙等器具或用手敲篩網的方式，將粉類同時過篩至咖啡蛋糊中，再用刮刀以 Z 字型的方式翻拌均勻。
❀ 以 Z 字型的方式翻拌，可避免麵粉出筋。

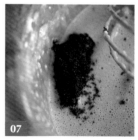

07 加入咖啡渣，以增加風味。
❀ 該步驟可自行選擇是否加入，若不加入，也無須增減任何食材。

08　用打蛋器拌勻，狀態為滴落的麵糊有流動性，完成咖啡蛋黃麵糊製作。

　　❀ 咖啡蛋黃麵糊表面須覆蓋上濕布以防結皮。

蛋白霜製作

09　將冰蛋白倒入乾淨無油的攪拌盆中，用電動打蛋器：

　　① 以中高速打發至大泡泡出現，加入⅓量的細砂糖，再以中速繼續攪打；

　　② 直至蛋白出現小泡泡，再加入⅓量的細砂糖，以中速繼續攪打；

　　③ 攪打至出現紋路時，加入最後⅓量的細砂糖、檸檬汁，以中速攪打至尾端直立，為乾性狀態；

　　④ 攪拌頭提起前，轉低速打發 10 ～ 15 秒，以讓蛋白更加細緻，完成蛋白霜製作。

　　❀ 檸檬汁可用白醋代替，以讓蛋白霜的狀態穩定。

組合、烘烤

10　取⅓量的蛋白霜加入咖啡蛋黃麵糊，拌勻後，再倒回剩餘的蛋白霜中，用刮刀翻拌均勻。

11　麵糊的狀態為濃稠狀，外觀光亮，完成咖啡戚風蛋糕麵糊製作。

　　❀ 若麵糊的流動性佳，呈水狀，表面不斷浮出氣泡，則代表麵糊已消泡。

12　將咖啡戚風蛋糕麵糊倒入圓模內。

13　使用筷子或蛋糕測試針在咖啡戚風蛋糕麵糊中畫圈，以消去大氣泡，也能讓表面變平滑。

14　放進烤箱，以上火 180℃、下火 110℃，烘烤 8 分鐘後，表面呈結皮狀態，取出蛋糕，並在蛋糕表面畫線，再以上火 170℃、下火 100℃，烘烤 27 分鐘。

　　❀ 畫線是因為當蛋糕表面受熱裂開時，裂口會較整齊。

15　出爐後，將模具倒扣，室溫放置全涼，脫模後即可享用。

　　❀ 脫模方法可參考影片 QRcode。

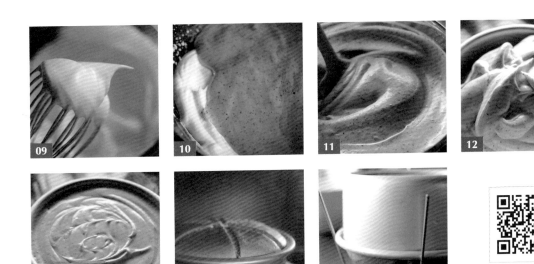

圓模脫模方法
影片 QRcode

檸檬戚風蛋糕
Lemon Chiffon Cake

INGREDIENTS 使用材料

檸檬蛋黃麵糊

① 香水檸檬 a（刨絲）	10 克
② 細砂糖 a	10 克
③ 蛋黃（約 3 顆）	57 克
④ 食用油	25 克
⑤ 香水檸檬 b（榨汁）	20 克
⑥ 清水	30 克
⑦ 低筋麵粉	55 克

蛋白霜

⑧ 冰蛋白（約 3 顆）	102 克
⑨ 細砂糖 b	35 克
⑩ 玉米粉	6 克
⑪ 白醋或檸檬汁	½ 小匙

TIPS

◆ 蛋白霜完成時，若是溫度太高，會造成蛋白霜不細緻、不光亮且粗糙的狀態，較易影響成品組織與外型。

◆ 若要有完美的蛋白霜，除了使用冰涼蛋白外，夏天室溫高，也可以將攪打的攪拌盆（須無油無水的容器與道具）連蛋白一起事先冷藏至冰涼的狀態，有利於之後的操作！

圓模脫模方法影片 QRcode

前置作業

01 預熱烤箱，上火 180℃、下火 110℃。

02 準備非不沾六吋戚風圓模。

　　◈ 製作戚風時，須選用非不沾模具。

03 將香水檸檬 b 榨出 20 克的檸檬汁，備
　　用。

04 將香水檸檬 a 洗淨，用刨皮刀刨下 10
　　克的皮屑，為香水檸檬絲。

　　◈ 因為香水檸檬的皮更具有檸檬的芳香，
　　　所以手邊有這種品種的話，會更適合做
　　　這款蛋糕。

05 取一容器，加入香水檸檬絲、細砂糖 a，
　　用指腹搓揉香水檸檬絲、細砂糖 a，釋
　　出檸檬的香氣後，為檸檬細砂糖。

檸檬蛋黃麵糊製作

06 取一容器，倒入蛋黃、檸檬細砂糖，
　　用打蛋器拌勻。

07 加入食用油，用打蛋器快速拌勻，以達
　　到完全乳化的效果，色澤會比蛋黃原本
　　顏色淡，呈偏白的狀態。

　　◈ 建議使用方便取得且氣味淡的油，例如：
　　　玄米油、葡萄籽油、酪梨油，因此較不
　　　建議使用花生油、芝麻油、橄欖油等氣
　　　味較強烈的油做蛋糕。

08 加入檸檬汁、清水，拌勻，為檸檬蛋糊。

09 先將低筋麵粉倒入篩網，可透過湯匙
　　等器具或用手敲篩網的方式，將粉類
　　同時過篩至檸檬蛋糊中，再用刮刀以 Z
　　字型的方式翻拌均勻。

　　◈ 以 Z 字型的方式翻拌，可避免麵粉出筋。

10 麵糊滴落後呈流動性的狀態，完成檸
　　檬蛋黃麵糊製作。

　　◈ 檸檬蛋黃麵糊表面須覆蓋上濕布以防結
　　　皮。

蛋白霜製作

11 取一容器，倒入細砂糖 b、玉米粉，混合均勻，為砂糖玉米粉。

❀ 該比例在蛋白霜中，細砂糖量較少，因此須加入玉米粉，以幫助蛋白穩定狀態。

12 將冰蛋白倒入乾淨無油的攪拌盆中，用電動打蛋器：

① 以中高速打發至大泡泡出現，加入 ⅓ 量的砂糖玉米粉，再以中速繼續攪打；

② 直至蛋白出現小泡泡，再加入 ⅓ 量的砂糖玉米粉，以中速繼續攪打；

③ 攪打至出現紋路時，加入 ⅓ 量的砂糖玉米粉、檸檬汁，以中速攪打至尾端直立，為乾性狀態；

④ 攪拌頭提起前，轉低速打發 10 ～ 15 秒，以讓蛋白更加細緻，完成蛋白霜製作。

❀ 檸檬汁可用白醋代替，以讓蛋白霜的狀態穩定。

組合、烘烤

13 取 ⅓ 量的蛋白霜加入檸檬蛋黃麵糊，拌勻。

14 再倒回剩餘的蛋白霜中，用刮刀翻拌均勻，狀態為濃稠狀，外觀光亮，完成檸檬戚風蛋糕麵糊製作。

❀ 若麵糊的流動性佳，呈水狀，表面不斷浮出氣泡，則代表麵糊已消泡。

15 將檸檬戚風蛋糕麵糊倒入圓模內。

16 使用筷子或蛋糕測試針在檸檬戚風蛋糕麵糊中畫圈，以消去大氣泡，也能讓表面變平滑。

17 放進烤箱，以上火 180℃、下火 110℃，烘烤 8 分鐘後，表面呈結皮狀態，取出蛋糕，並在蛋糕表面畫線，再以上火 170℃、下火 100℃，烘烤 27 分鐘。

❀ 畫線是因為當蛋糕表面受熱裂開時，裂口會較整齊。

18 出爐後，將模具倒扣，室溫放置全涼，脫模後切片，即可享用。

❀ 脫模方法可參考影片 QRcode。

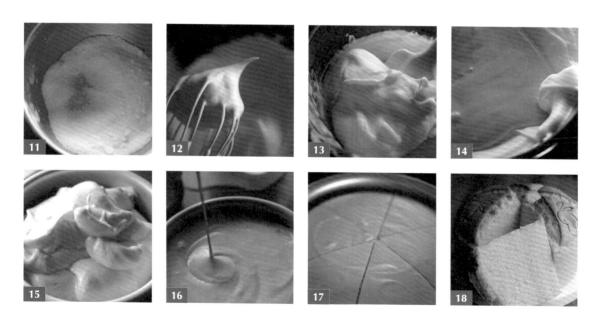

蘋果花伯爵茶
戚風蛋糕

Flower Shape Chiffon Cake

INGREDIENTS 使用材料

<table>
<tr><td rowspan="5">伯爵茶蛋黃麵糊</td><td>① 蛋黃</td><td>3 顆（53 克）</td><td rowspan="3">蛋白霜</td><td>⑥ 冰蛋白</td><td>3 顆（103 克）</td></tr>
<tr><td>② 食用油</td><td>25 克</td><td>⑦ 細砂糖</td><td>48 克</td></tr>
<tr><td>③ 清水</td><td>50 克</td><td>⑧ 檸檬汁或白醋</td><td>½ 小匙</td></tr>
<tr><td>④ 低筋麵粉</td><td>58 克</td><td rowspan="2">其他</td><td>⑨ 蘋果</td><td>一顆</td></tr>
<tr><td>⑤ 伯爵茶粉</td><td>4 克</td><td>⑩ 淡食鹽水</td><td>少許</td></tr>
</table>

STEP BY STEP 步驟說明

前置作業

01 預熱烤箱，上火 180℃、下火 110℃。

02 準備非不沾六吋戚風圓模。

⊛ 製作戚風時，須選用非不沾模具。

03 將蘋果洗淨後，用刨刀刨成可輕鬆彎曲的柔軟度，浸泡於淡食鹽水中約 1 分鐘，為蘋果薄片。

04 取出蘋果薄片，用廚房紙巾壓乾。

05 以廚房紙巾雙面均覆蓋蘋果薄片，備用。

伯爵茶蛋黃麵糊製作

06 取一容器，倒入清水、食用油拌勻。

　❀ 建議使用方便取得且氣味淡的油，例如：玄米油、葡萄籽油、酪梨油，因此較不建議使用花生油、芝麻油、橄欖油等氣味較強烈的油做蛋糕。

07 用打蛋器拌勻至略為泛白的狀態，為油水液。

08 將低筋麵粉、伯爵茶粉倒入篩網中，可透過湯匙等器具或用手敲篩網的方式，將粉類同時過篩至油水液中，再用刮刀以 Z 字型的方式翻拌均勻。

　❀ 以 Z 字型的方式翻拌，可避免麵粉出筋。

09 用打蛋器拌勻。

10 加入蛋黃，用打蛋器拌勻。

11 麵糊呈現流動性的狀態，完成伯爵茶蛋黃麵糊製作。

　❀ 伯爵茶蛋黃麵糊表面須覆蓋上濕布以防結皮。

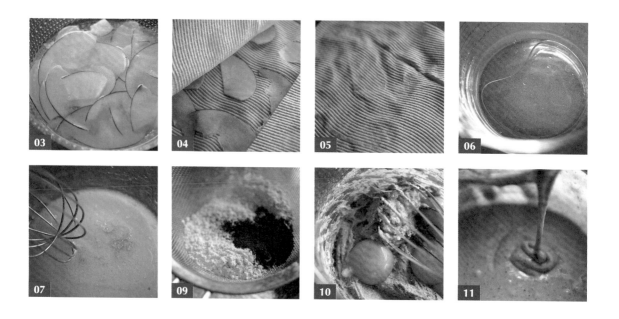

蛋白霜製作

12　將冰蛋白倒入乾淨無油的攪拌盆中，用電動打蛋器：

　　① 以中高速打發至大泡泡出現，加入⅓量的細砂糖，再以中速繼續攪打；

　　② 直至蛋白出現小泡泡，再加入⅓量的細砂糖，以中速繼續攪打；

　　③ 攪打至出現紋路時，加入最後⅓量的細砂糖、檸檬汁，以中速攪打至尾端直立，
　　　為乾性狀態；

　　④ 攪拌頭提起前，轉低速打發 10 ～ 15 秒，以讓蛋白更加細緻，完成蛋白霜製作。
　　　❀ 檸檬汁可用白醋代替，以讓蛋白霜的狀態穩定。

組合、烘烤

13　取⅓量的蛋白霜加入伯爵茶蛋黃麵糊，拌勻。

14　再倒回剩餘的蛋白霜中，用刮刀翻拌均勻。

15　麵糊的狀態為絲滑帶光澤，非粗糙狀態，完成伯爵茶戚風蛋糕麵糊製作。

16　將伯爵茶戚風蛋糕麵糊倒入圓模內。

17　使用筷子或蛋糕測試針在伯爵茶戚風蛋糕麵糊中畫圈，以消去大氣泡，也能讓表面變
　　平滑。

18　從伯爵茶戚風蛋糕麵糊外圍開始，交錯擺放蘋果片，呈現玫瑰花盛開貌。

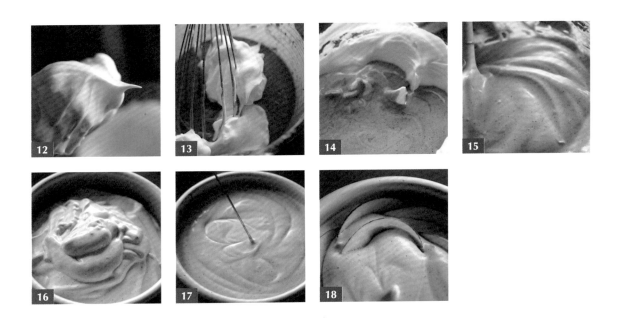

19 取三片蘋果薄片，重疊擺放。

20 將蘋果薄片捲起。

21 承步驟 20，將蘋果薄片捲至尾端，完成玫瑰花心製作。

22 將玫瑰花心放在麵糊中心，完成蘋果玫瑰擺放。

23 放進烤箱，以上火 180℃、下火 110℃，烘烤 8 分鐘後，表面呈結皮狀態，再以上
火 170℃、下火 100℃，烘烤 28 分鐘。
◈ 因表面鋪蘋果片所以不需要畫線；另外上頭的蘋果片建議烤乾一些，口感會較清爽。

24 出爐後，將模具倒扣，室溫放置全涼，脫模後即可享用。
◈ 脫模方法可參考影片 QRcode。

圓模脫模方法
影片 QRcode

TIPS

◆ 蛋白霜完成時，若是溫度太高，會造成蛋白霜不細緻、不光亮且粗糙的狀態，較易影響
成品組織與外型。

◆ 若要有完美的蛋白霜，除了使用冰涼蛋白外，夏天室溫高，也可以將攪打的攪拌盆（須
無油無水的容器與道具）連蛋白一起事先冷藏至冰涼的狀態，有利於之後的操作！

草莓戚風蛋糕
Strawberry Chiffon Cake

INGREDIENTS 使用材料

<table>
<tr><td rowspan="3">草莓泥</td><td>① 草莓（去蒂頭）</td><td>70 克</td></tr>
<tr><td>② 煉乳</td><td>10 克</td></tr>
<tr><td>③ 鮮乳</td><td>30 克</td></tr>
<tr><td rowspan="3">蛋黃麵糊</td><td>④ 蛋黃（約 3 顆）</td><td>58 克</td></tr>
<tr><td>⑤ 食用油</td><td>25 克</td></tr>
<tr><td>⑥ 低筋麵粉</td><td>60 克</td></tr>
<tr><td rowspan="3">蛋白霜</td><td>⑦ 冰蛋白（約 3 顆）</td><td>107 克</td></tr>
<tr><td>⑧ 細砂糖</td><td>45 克</td></tr>
<tr><td>⑨ 檸檬汁或白醋</td><td>½ 小匙</td></tr>
</table>

TIPS

◆ 蛋白霜完成時，若是溫度太高，會造成蛋白霜不細緻、不光亮且粗糙的狀態，較易影響成品組織與外型。

◆ 若要有完美的蛋白霜，除了使用冰涼蛋白外，夏天室溫高，也可以將攪打的攪拌盆（須無油無水的容器與道具）連蛋白一起事先冷藏至冰涼的狀態，有利於之後的操作！

前置作業

01 預熱烤箱至上火 180℃、下火 110℃。

02 準備六吋的戚風管狀模具。

03 將低筋麵粉過篩，備用。

04 將草莓洗淨，去蒂頭。

05 用電動手持攪拌棒（均質機），將草莓、煉乳、鮮乳，攪打至泥狀，為草莓泥，須取 90 克的草莓泥備用，以作為蛋黃麵糊的材料。

   ❈ 可使用調理機或果汁機製作草莓泥。

草莓蛋黃麵糊製作

06 取一容器，倒入蛋黃、食用油，用打蛋器拌勻。

07 加入 90 克的草莓泥，拌勻。

08 加入過篩後的低筋麵粉。

09 用打蛋器以 Z 字型攪拌均勻，直到麵糊滴落後呈流動性的狀態，完成草莓蛋黃麵糊製作。

   ❈ 草莓蛋黃麵糊表面須覆蓋上濕布以防結皮。

蛋白霜製作

10 將冰蛋白倒入乾淨無油的攪拌盆中，用電動打蛋器，以中高速打發至出現大泡沫，加入⅓量的細砂糖，再以中速繼續攪打。

   ❈ 冰涼的蛋白雖較難打發，但可以讓蛋白霜呈現更加細緻的狀態，而分 3 次加入細砂糖，也能讓蛋白霜更穩定。

11 攪打至蛋白出現細小泡泡，再加入⅓量的細砂糖，以中速繼續攪打。

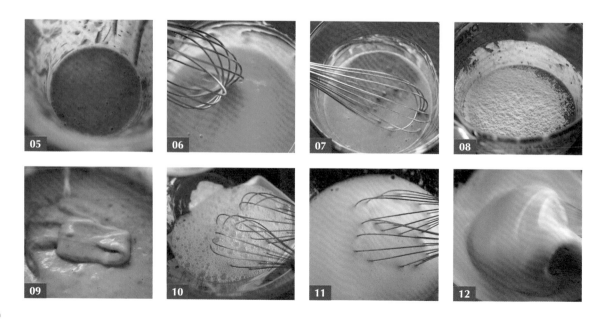

12　攪打至出現紋路後，加入最後⅓量的細砂糖、檸檬汁。

　　✿ 檸檬汁可用白醋代替，以讓蛋白霜的狀態穩定。

13　以中速攪打至提起攪拌頭，蛋白挺立，尾端帶彎鉤，偏濕性發泡狀態，攪拌頭提起前，轉低速打發 10 ～ 15 秒，讓冰蛋白更加細緻，完成蛋白霜製作。

組合、烘烤

14　取⅓量的蛋白霜加入草莓蛋黃麵糊，拌勻。

15　再倒回剩餘的蛋白霜中。

16　用刮刀拌勻後，完成草莓戚風蛋糕麵糊製作。

17　將草莓戚風蛋糕麵糊倒入管狀模具內。

18　將草莓戚風蛋糕麵糊的表面抹平。

19　放進烤箱，以上火 180℃、下火 110℃，烘烤 8 分鐘後，表面呈結皮狀態，取出蛋糕，並在蛋糕表面畫線，再以上火 160℃、下火 100℃，烘烤 22 分鐘。

　　✿ 畫線是因為當蛋糕表面受熱裂開時，裂口會較整齊。

中空管模脫模
方法影片
QRcode

20　出爐後，將模具倒扣，室溫放置全涼，脫模後即可享用。

　　✿ 脫模方法可參考影片 QRcode。

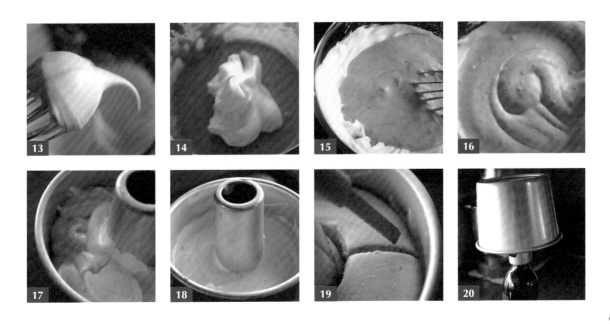

黑芝麻戚風蛋糕
Black Sesame Chiffon Cake

INGREDIENTS 使用材料

芝麻蛋黃麵糊

① 食用油 —————————— 27 克
② 鮮奶 —————————————— 60 克
③ 煉乳 —————————————— 10 克
④ 低筋麵粉 ——————————— 50 克
⑤ 無糖黑芝麻粉 ——————— 15 克
⑥ 蛋黃（約 3 顆） ————— 55 克

蛋白霜

⑦ 冰蛋白（約 3 顆） ——— 100 克
⑧ 細砂糖 ——————————— 45 克
⑨ 檸檬汁或白醋 —————— ½ 小匙

前置作業

01 預熱烤箱至上火 180℃、下火 110℃。

02 準備六吋的戚風管狀模具。

03 將低筋麵粉、無糖黑芝麻粉混勻後，
過篩。

芝麻蛋黃麵糊製作

04 取一容器，倒入食用油、鮮奶、煉
乳，加熱至 60℃～ 65℃，離火。
❀ 此製作為燙麵法。

05 加入過篩後的低筋麵粉、無糖黑芝
麻粉。

06 用打蛋器將粉料以 Z 字型快速拌勻。
❀ 以 Z 字型的方式翻拌，可避免麵粉
出筋。

07 分 2 ～ 3 次加入蛋黃，用打蛋器翻拌
均勻。

08 直到麵糊滴落後呈流動性的狀態，
完成芝麻蛋黃麵糊製作。
❀ 芝麻蛋黃麵糊表面須覆蓋上濕布以防
結皮。

蛋白霜製作

09 將冰蛋白倒入乾淨無油的攪拌盆中，
用電動打蛋器，以中高速打發至出現
大泡沫，加入 ⅓ 量的細砂糖，再以中
速繼續攪打。
❀ 冰涼的蛋白雖較難打發，但可以讓蛋
白霜呈現更加細緻的狀態，而分 3 次
加入細砂糖，也能讓蛋白霜更穩定。

03

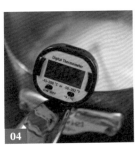
04

05

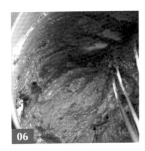
06

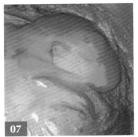
07

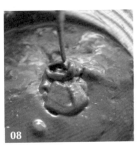
08

09

10　攪打至蛋白出現細小泡泡，再加入⅓量的細砂糖，以中速繼續攪打。

11　攪打至出現紋路後，加入最後⅓量的細砂糖、檸檬汁。
　　❀ 檸檬汁可用白醋代替，以讓蛋白霜的狀態穩定。

12　以中速攪打至提起攪拌頭，蛋白挺立，尾端帶彎鉤，偏濕性發泡狀態，攪拌頭提起前，轉低速打發 10 ～ 15 秒，以讓蛋白更加細緻，完成蛋白霜製作。

組合、烘烤

13　取⅓量的蛋白霜，加入芝麻蛋黃麵糊，用刮刀翻拌均勻。

14　再倒回剩餘的蛋白霜中，翻拌拌勻，為黑芝麻戚風蛋糕麵糊。

15　將黑芝麻戚風蛋糕麵糊倒入管狀模具，並將表面抹平。

16　以上火 180℃、下火 110℃，烘烤 8 分鐘，表面呈結皮狀態，取出蛋糕，在蛋糕表面畫線，再以上火 160℃、下火 100℃，烘烤 22 分鐘。
　　❀ 畫線是因為當蛋糕表面受熱裂開時，裂口會較整齊。

17　出爐後，將模具倒扣，室溫放置全涼，脫模後即可享用。
　　❀ 脫模方法可參考影片 QRcode。

中空管模脫模
方法影片
QRcode

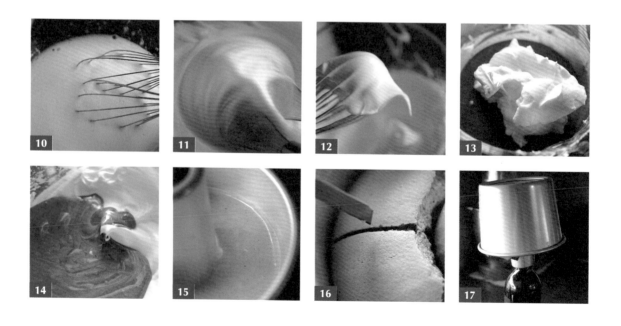

原味輕乳酪蛋糕
Cotton Cheese Cake

INGREDIENTS 使用材料

奶油乳酪蛋黃麵糊
- ① 奶油乳酪 … 125 克
- ② 動物性鮮奶油 … 20 克
- ③ 鮮奶 … 50 克
- ④ 無鹽奶油（不含塗模具的份量）… 15 克
- ⑤ 低筋麵粉 … 25 克
- ⑥ 玉米粉 … 10 克
- ⑦ 蛋黃（約 3 顆）… 53 克

蛋白霜
- ⑧ 冰蛋白（約 3 顆）… 103 克
- ⑨ 細砂糖 … 45 克
- ⑩ 檸檬汁或白醋 … 1 小匙

前置作業

01 預熱烤箱至上火 200℃、下火 120℃。

02 在六吋蛋糕的圓模底部鋪上烘焙紙，並將模具內側塗上份量外的軟化無鹽奶油。

    ❀ 若是使用活動烤模，則須在模具外面包覆錫箔紙，以防進水。

奶油乳酪蛋黃麵糊製作

03 將奶油乳酪、動物性鮮奶油、鮮奶、無鹽奶油倒入攪拌盆中，並將所有材料隔水加熱。

04 用打蛋器將所有材料拌勻，並加熱至 60℃，且呈現出光滑均勻、無顆粒的狀態後，離開隔水加熱盆，為奶油混合物。

05 將低筋麵粉、玉米粉倒入篩網，可透過湯匙等器具或用手敲篩網的方式，將粉類同時過篩至奶油混合物中，再用刮刀以 Z 字型的方式翻拌均勻。

    ❀ 以 Z 字型的方式翻拌，可避免麵粉出筋。

06 分次加入蛋黃，拌勻。

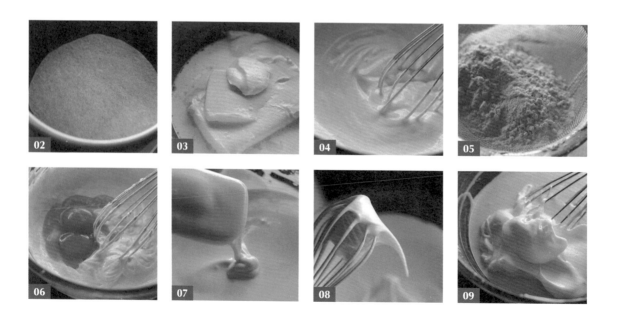

07 用刮刀翻拌均勻，完成奶油乳酪蛋黃麵糊製作。

❀ 完成後，須隔水放在 40℃～ 45℃的溫水中保溫。

蛋白霜製作

08 將冰蛋白倒入乾淨無油的攪拌盆中，用電動打蛋器：

① 以中高速打發至大泡泡出現，加入⅓量的細砂糖，再以中速繼續攪打；

② 直至蛋白出現小泡泡，再加入⅓量的細砂糖，以中速繼續攪打；

③ 攪打至出現紋路時，加入最後⅓量的細砂糖、檸檬汁，以中速攪打至提起攪拌頭，冰蛋白柔軟帶彈性，晃動不會輕易滴落下來，尾巴約 2 ～ 3 指幅長度，濕性發泡狀態；

④ 攪拌頭提起前，轉低速打發 10 ～ 15 秒，以讓蛋白更加細緻，完成蛋白霜製作。

❀ 檸檬汁可用白醋代替，以讓蛋白霜的狀態穩定。

組合、烘烤

09 將⅓量的蛋白霜加入奶油乳酪蛋黃麵糊中，拌勻。

10 再倒回剩餘的蛋白霜中，拌勻，為輕乳酪蛋糕麵糊。

11 完成的輕乳酪蛋糕麵糊呈現光滑細緻，略濃稠的狀態。

❀ 輕乳酪蛋糕的麵糊建議溫度在 33℃～ 35℃，較不易消泡。

12 將輕乳酪蛋糕麵糊倒入圓模中。

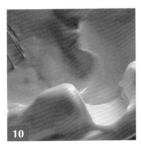 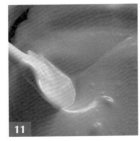 

13　將輕乳酪蛋糕麵糊的表面抹平整。

14　將深烤盤放在圓模底部，在烤盤內倒入常溫水，高度約模具 2 指高。

15　以上火 200℃、下火 120℃，烘烤約 13 ～ 15 分鐘，烤至表面上色後，再以上火 140℃、下火 130℃，烘烤約 45 ～ 50 分鐘，烤至全熟。

　　❀ 可使用筷子或蛋糕測試針戳入蛋糕體，若還有沾黏生麵糊，則須繼續烘烤蛋糕。

16　出爐後，將圓模放至稍微冷卻、不燙手時，邊緣會有脫模的現象。

17　傾斜圓模後，以同樣的角度輕敲工作台一圈，邊緣就能輕易脫模，在蛋糕上放硬底板，倒扣即可脫模，蛋糕會呈現底部朝上的狀態。

18　將蛋糕翻轉回來，即完成脫模，將刀子放在火上烤 2 ～ 3 秒，熱完刀後，將輕乳酪蛋糕切片，即可享用。

　　❀ 熱刀後的切面較美觀，輕乳酪蛋糕建議冷藏保存，口感較能維持美味；脫模方法可參考影片 QRcode。

輕乳酪蛋糕
脫模方法影片
QRcode

可可風味輕乳酪蛋糕

Chocolate Cotton Cheese Cake

INGREDIENTS 使用材料

可可奶油乳酪蛋黃麵糊

① 滾水 —————————— 18 克
② 無糖可可粉 ——————— 10 克
③ 奶油乳酪 ——————— 125 克
④ 鮮奶 ———————————— 55 克
⑤ 無鹽奶油（不含塗模具的份量）
—————————————————— 20 克
⑥ 低筋麵粉 ——————— 15 克

⑦ 玉米粉 ————————————— 5 克
⑧ 蛋黃（約 3 顆）————— 53 克

蛋白霜

⑨ 冰蛋白（約 3 顆）——— 103 克
⑩ 細砂糖 —————————— 53 克
⑪ 檸檬汁或白醋 ———— ½ 小匙

STEP BY STEP 步驟說明

前置作業

01 預熱烤箱至上火 200℃、下火 120℃。

02 在六吋蛋糕的圓模底部鋪上烘焙紙，並將模具內側塗上份量外的軟化無鹽奶油。
　　❀ 若是使用活動烤模，則須在模具外面包覆錫箔紙，以防進水。

03 將無糖可可粉倒入滾水，拌勻，為可可液。

04 將低筋麵粉、玉米粉過篩，備用。

可可奶油乳酪蛋黃麵糊製作

05 將奶油乳酪、鮮奶、無鹽奶油倒入攪拌盆中，並將所有材料隔水加熱。

06 用打蛋器將所有材料拌勻，並加熱至 60℃，且呈現出光滑均勻、無顆粒的狀態後，
　　離開隔水加熱盆。

07 加入過篩後的低筋麵粉、玉米粉，用打蛋器拌勻。

08 分次加入蛋黃，拌勻。

09 加入可可液。

10 用打蛋器將全部食材拌勻，完成可可奶油乳酪蛋黃麵糊製作。

⊛ 完成後，須隔水放在 40℃～45℃的溫水中保溫。

蛋白霜製作

11 將冰蛋白倒入乾淨無油的攪拌盆中，用電動打蛋器：

① 以中高速打發至大泡泡出現，加入⅓量的細砂糖，再以中速繼續攪打；

② 直至蛋白出現小泡泡，再加入⅓量的細砂糖，以中速繼續攪打；

③ 攪打至出現紋路時，加入最後⅓量的細砂糖、檸檬汁，以中速攪打至提起攪拌頭，冰蛋白柔軟帶彈性，晃動不會輕易滴落下來，尾巴約 2 ～ 3 指幅長度，濕性發泡狀態，

④ 攪拌頭提起前，轉低速打發 10 ～ 15 秒，以讓蛋白更加細緻，完成蛋白霜製作。

⊛ 檸檬汁可用白醋代替，以讓蛋白霜的狀態穩定。

組合、烘烤

12 先取⅓量的蛋白霜，加入可可奶油乳酪蛋黃麵糊中，用刮刀翻拌均勻。

13 再倒回剩餘的蛋白霜中，拌勻，為可可輕乳酪蛋糕麵糊。

14 完成的可可輕乳酪蛋糕麵糊呈現光滑細緻，略濃稠的狀態。

⊛ 輕乳酪蛋糕的麵糊溫度建議在 33℃～ 35℃，較不易消泡。

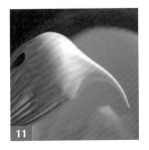 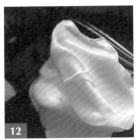 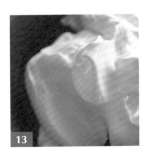 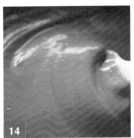

15 將可可輕乳酪蛋糕麵糊倒入圓模中，並將表面抹平整。

16 將深烤盤放在圓模底部，在烤盤內倒入常溫水，高度約模具 2 指高。

17 以上火 200℃、下火 120℃，烘烤約 13 ～ 15 分鐘，烤至表面上色後，再以上火 140℃、下火 130℃，烘烤約 45 ～ 50 分鐘，烤至全熟。

　　✿ 可使用筷子或蛋糕測試針戳入蛋糕體，若有沾黏生麵糊，則須繼續烘烤蛋糕。

18 出爐後，將圓模放置稍微冷卻、不燙手時，邊緣會有脫模的現象。

19 傾斜圓模後，以同樣的角度輕敲工作台一圈，邊緣就能輕易脫模，在蛋糕上放硬底板，倒扣即可脫模，蛋糕會呈現底部朝上的狀態。

20 將蛋糕翻轉回來，即完成脫模，將刀子放在火上烤 2 ～ 3 秒，熱完刀後，將可可風味輕乳酪蛋糕切片，即可享用。

　　✿ 熱刀後的切面較美觀，輕乳酪蛋糕建議冷藏保存，口感較能維持美味；脫模方法可參考影片 QRcode。

輕乳酪蛋糕
脫模方法影片
QRcode

抹茶風味輕乳酪蛋糕
Matcha Cotton Cheese Cake

INGREDIENTS 使用材料

抹茶奶油乳酪蛋黃麵糊

① 滾水 ⋯⋯⋯⋯⋯⋯⋯⋯⋯⋯ 13 克
② 無糖抹茶粉 ⋯⋯⋯⋯⋯⋯⋯ 4 克
③ 奶油乳酪 ⋯⋯⋯⋯⋯⋯⋯ 125 克
④ 鮮奶 ⋯⋯⋯⋯⋯⋯⋯⋯⋯⋯ 55 克
⑤ 無鹽奶油 ⋯⋯⋯⋯⋯⋯⋯ 20 克
⑥ 低筋麵粉 ⋯⋯⋯⋯⋯⋯⋯ 15 克
⑦ 玉米粉 ⋯⋯⋯⋯⋯⋯⋯⋯⋯ 5 克

蛋白霜

⑧ 蛋黃（約 3 顆）⋯⋯⋯⋯ 55 克

⑨ 冰蛋白（約 3 顆）⋯⋯ 103 克
⑩ 細砂糖 ⋯⋯⋯⋯⋯⋯⋯⋯ 53 克
⑪ 檸檬汁或白醋 ⋯⋯⋯⋯ ½ 小匙

前置作業

01 預熱烤箱至上火 200℃、下火 120℃。

02 在六吋蛋糕的圓模底部鋪上烘焙紙,並將模具內側塗上份量外的軟化無鹽奶油。
    ❀ 若是使用活動烤模,則須在模具外面包覆錫箔紙,以防進水。

03 將無糖抹茶粉倒入滾水,拌勻,為抹茶液。

04 將低筋麵粉、玉米粉過篩,備用。

抹茶奶油乳酪蛋黃麵糊製作

05 將奶油乳酪、鮮奶、無鹽奶油倒入攪拌盆中,並將所有材料隔水加熱。

06 用打蛋器將所有材料拌勻,並加熱至 60℃,且呈現出光滑均勻、無顆粒的狀態後,離開隔水加熱盆。

07 加入過篩後的低筋麵粉、玉米粉,用打蛋器拌勻。

08 分次加入蛋黃,拌勻。

09 加入抹茶液。

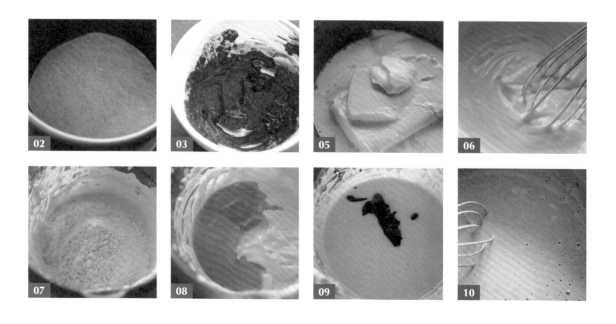

10 將全部食材拌勻，完成抹茶奶油乳酪蛋黃麵糊製作。

　　❀ 完成後，須隔水放在 40℃～45℃的溫水中保溫。

蛋白霜製作

11 將冰蛋白倒入乾淨無油的攪拌盆中，用電動打蛋器：

　① 以中高速打發至大泡泡出現，加入⅓量的細砂糖，再以中速繼續攪打；

　② 直至蛋白出現小泡泡，再加入⅓量的細砂糖，以中速繼續攪打；

　③ 攪打至出現紋路時，加入最後⅓量的細砂糖、檸檬汁，以中速攪打至提起攪拌頭，冰蛋白柔軟帶彈性，晃動不會輕易滴落下來，尾巴約 2 ～ 3 指幅長度，濕性發泡狀態；

　④ 攪拌頭提起前，轉低速打發 10 ～ 15 秒，以讓蛋白更加細緻，完成蛋白霜製作。

　　❀ 檸檬汁可用白醋代替，以讓蛋白霜的狀態穩定。

組合、烘烤

12 取⅓量的蛋白霜，加入抹茶奶油乳酪蛋黃麵糊中，拌勻。

13 再倒回剩餘的蛋白霜中，拌勻，為抹茶輕乳酪蛋糕麵糊。

14 完成的抹茶輕乳酪蛋糕麵糊呈現光滑細緻，略濃稠的狀態。

　　❀ 輕乳酪蛋糕的麵糊溫度建議在 33℃～ 35℃，較不易消泡。

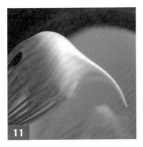
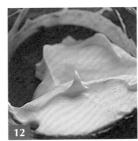
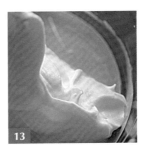
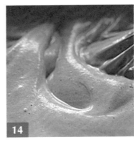

15　將抹茶輕乳酪蛋糕麵糊倒入圓模中，並將表面抹平整。

16　將深烤盤放在圓模底部，在烤盤內倒入常溫水，高度約模具 2 指高。

17　以上火 200℃、下火 120℃，烘烤約 13 ～ 15 分鐘，烤至表面上色後，再以上火 140℃、下火 130℃，烘烤約 45 ～ 50 分鐘，烤至全熟。

    ❋ 可使用筷子或蛋糕測試針戳入蛋糕體，若有沾黏生麵糊，則須繼續烘烤蛋糕。

18　出爐後，將圓模放置稍微冷卻、不燙手時，邊緣會有脫模的現象。

19　傾斜圓模後，以同樣的角度輕敲工作台一圈，邊緣就能輕易脫模，在蛋糕上放硬底板，倒扣即可脫模，蛋糕會呈現底部朝上的狀態。

20　將蛋糕翻轉回來，即完成脫模，將刀子放在火上烤 2 ～ 3 秒，熱完刀後，將抹茶風味輕乳酪蛋糕切片，即可享用。

    ❋ 熱刀後的切面較美觀，輕乳酪蛋糕建議冷藏保存，口感較能維持美味；脫模方法可參考影片 QRcode。

輕乳酪蛋糕
脫模方法影片
QRcode

百香果
輕乳酪蛋糕

Passionfruit
Cotton Cheese Cake

INGREDIENTS 使用材料

百香果奶油	乳酪蛋黃麵糊	① 奶油乳酪	125 克
		② 鮮奶	25 克
		③ 無鹽奶油	25 克
		④ 新鮮百香果汁	40 克
		⑤ 低筋麵粉	25 克

蛋白霜	⑥ 玉米粉	10 克
	⑦ 蛋黃（約 3 顆）	53 克
	⑧ 冰蛋白（約 3 顆）	103 克
	⑨ 細砂糖	50 克
	⑩ 檸檬汁或白醋	少許

STEP BY STEP 步驟說明

前置作業

01　預熱烤箱至上火 200℃、下火 120℃。

02　在六吋蛋糕的圓模底部鋪上烘焙紙，並將模具內側塗上份量外的軟化無鹽奶油。

　　❀ 若是使用活動烤模，則須在模具外面包覆錫箔紙，以防進水。

02

百香果奶油乳酪蛋黃麵糊製作

03 將奶油乳酪、鮮奶、無鹽奶油、新鮮百香果汁,倒入攪拌盆中,並將所有材料隔水加熱。

　　❀ 該配方使用 10 克果粒及 30 克果汁,也可選擇只加果汁。

04 用打蛋器將所有材料拌勻,並加熱至 60℃,且呈現出光滑均勻、無顆粒的狀態後,離開隔水加熱盆,為奶油混合物。

05 將低筋麵粉、玉米粉倒入篩網,可透過湯匙等器具或用手敲篩網的方式,將粉類同時過篩至奶油混合物中。

06 分次加入蛋黃,拌勻。

07 將全部食材拌勻,完成百香果奶油乳酪蛋黃麵糊製作。

　　❀ 完成後,須隔水放在 40℃~45℃的溫水中保溫。

蛋白霜製作

08 將冰蛋白倒入乾淨無油的攪拌盆中,用電動打蛋器:

① 以中高速打發至大泡泡出現,加入 ⅓ 量的細砂糖,再以中速繼續攪打;

② 直至蛋白出現小泡泡,再加入 ⅓ 量的細砂糖,以中速繼續攪打;

③ 攪打至出現紋路時,加入最後 ⅓ 量的細砂糖、檸檬汁,以中速攪打至提起攪拌頭,冰蛋白柔軟帶彈性,晃動不會輕易滴落下來,尾巴約 2～3 指幅長度,濕性發泡狀態;

④ 攪拌頭提起前,轉低速打發 10～15 秒,以讓蛋白更加細緻,完成蛋白霜製作。

　　❀ 檸檬汁可用白醋代替,以讓蛋白霜的狀態穩定。

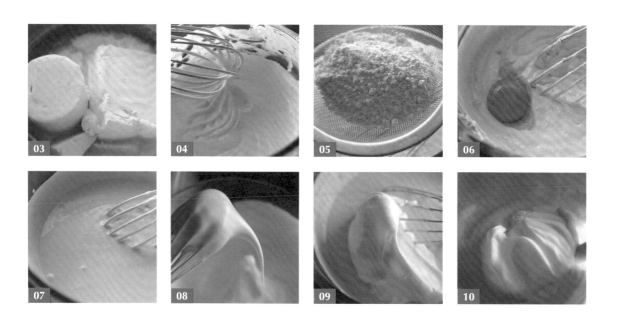

組合、烘烤

09 取⅓量的蛋白霜，加入百香果奶油乳酪蛋黃麵糊中，拌勻。

10 再倒回剩餘的蛋白霜中，拌勻，為百香果輕乳酪蛋糕麵糊，呈光滑細緻，略濃稠的狀態。

　　❀ 輕乳酪蛋糕的麵糊溫度建議在 33℃ ～ 35℃，較不易消泡。

11 將百香果輕乳酪蛋糕麵糊倒入圓模中，並將表面抹平整。

12 將深烤盤放在圓模底部，在烤盤內倒入常溫水，高度約模具 2 指高。

13 以上火 200℃、下火 120℃，烘烤約 13 ～ 15 分鐘，烤至表面上色後，再以上火 140℃、下火 130℃，烘烤約 45 ～ 50 分鐘，烤至全熟。

　　❀ 可使用筷子或蛋糕測試針戳入蛋糕體，若有沾黏生麵糊，則須繼續烘烤蛋糕。

14 出爐後，將圓模放置稍微冷卻、不燙手時，邊緣會有脫模的現象。

15 傾斜圓模後，以同樣的角度輕敲工作台一圈，邊緣就能輕易脫模，在蛋糕上放硬底板，倒扣即可脫模，蛋糕會呈現底部朝上的狀態。

16 將蛋糕翻轉回來，即完成脫模，將刀子放在火上烤 2 ～ 3 秒，熱完刀後，將百香果風味輕乳酪蛋糕切片，即可享用。

　　❀ 熱刀後的切面較美觀，輕乳酪蛋糕建議冷藏保存，口感較能維持美味；脫模方法可參考影片 QRcode。

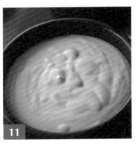

輕乳酪蛋糕
脫模方法影片
QRcode

香草
杯子蛋糕
Vanilla Cupcake

INGREDIENTS 使用材料

蛋黃麵糊			
	① 鮮奶	70 克
	② 香草莢（10 公分）	½ 支
	③ 蛋黃（約 4 顆）	64 克
	④ 食用油	45 克
	⑤ 低筋麵粉	80 克

蛋白霜		
	⑥ 冰蛋白（約 4 顆）	140 克
	⑦ 細砂糖	55 克
	⑧ 檸檬汁或白醋	½ 小匙

STEP BY STEP 步驟說明

前置作業

01 預熱烤箱至上、下火 100℃。

02 從香草莢中取出香草籽，備用。
    ❀ 香草莢須留著備用，為製作蛋黃麵糊
    的材料。

03 準備 12 連馬芬杯子蛋糕模具，套入
    直徑 7.5 公分、高 4 公分、底部 5 公
    分大小的紙模。
    ❀ 馬芬連模可作為蛋糕麵糊的支撐。

蛋黃麵糊製作

04 取一小鍋，倒入鮮奶、香草莢、香草籽，煮至鍋邊出現細小泡泡，離火，靜置鮮奶全涼，同時釋放出香草籽的香氣，為香草牛奶。

❀ 若不想使用香草莢，可直接使用鮮奶，不須加熱，為原味杯子蛋糕。

05 另取一容器，倒入蛋黃、食用油，拌勻。

❀ 建議使用方便取得且氣味淡的油，例如：玄米油、葡萄籽油、酪梨油，因此較不建議使用花生油、麻油、橄欖油等氣味較強烈的油做蛋糕。

06 加入已放涼的香草牛奶，用打蛋器拌勻，為香草蛋糊。

07 將低筋麵粉倒入篩網，可透過湯匙等器具或用手敲篩網的方式，將粉類同時過篩至香草蛋糊中，拌勻，為蛋黃麵糊。

08 蛋黃麵糊的狀態為，提起攪拌頭後，滴落的麵糊會出現 1 ～ 2 秒的摺痕，完成香草蛋黃麵糊製作。

❀ 蛋黃麵糊表面須覆蓋上濕布以防結皮。

蛋白霜製作

09 將冰蛋白倒入乾淨無油的攪拌盆中，用電動打蛋器，以中高速打發至大泡泡出現，加入⅓量的細砂糖，再以中速繼續攪打。

❀ 冰涼的蛋白雖較難打發，但可以讓蛋白霜呈現更加細緻的狀態，而分 3 次加入細砂糖，也能讓蛋白霜更穩定。

10 攪打至蛋白出現細小泡泡，再加入⅓量的細砂糖，以中速繼續攪打。

11 攪打至出現紋路後，加入最後⅓量的細砂糖、檸檬汁。

❀ 檸檬汁可用白醋代替，以讓蛋白霜的狀態穩定。

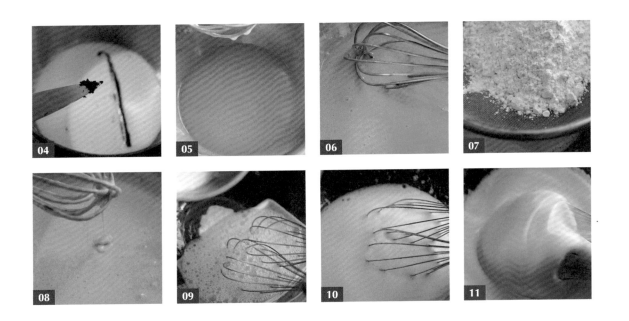

12 以中速攪打至蛋白挺立，尾端微彎，偏乾性發泡狀態，攪拌頭提起前，轉低速打發 10 ～ 15 秒，以讓蛋白更加細緻，完成蛋白霜製作。

　　◉ 外觀會呈現光澤、細緻、亮感。

組合、烘烤

13 取⅓量的蛋白霜，加入香草蛋黃麵糊中，用刮刀翻拌均勻。

14 再倒回剩餘的蛋白霜中，拌勻，為蛋糕麵糊。

15 先將蛋糕麵糊裝入擠花袋內並剪一小開口後，在紙模內，擠入約 8 分滿的蛋糕麵糊 後，以蛋糕測試針攪動或輕震以去除氣泡，約可製作 10 ～ 12 個香草杯子蛋糕。

　　◉ 將蛋糕麵糊裝入擠花袋內，在擠入紙模時會較好操作。

16 將模具放入烤箱的底層，先以不會裂開的低溫（上、下火 100℃）固定表面，烤至 表面上色後，再以漸進式的溫度烤熟內部，即可出爐，出爐後可馬上脫模，放涼即 可享用。

　　◉ 漸進式溫度可參考 TIPS。

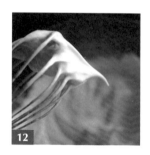 **12**
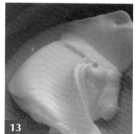 **13**
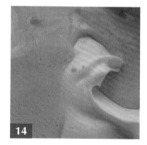 **14**
 **15**

TIPS

◆ 在烘烤杯子蛋糕時，若想要有飽滿圓潤外觀，則建議使用漸進式烤溫烘烤蛋糕，雖然時 間較長，但成品的外觀很美麗；若只想品嘗，不在意外觀可能會出現爆裂、凹陷等狀況， 則能維持同樣的烤溫、烘烤時間，烤至熟透即可，而烤溫可設為上、下火 160℃，烘烤 25 ～ 30 分鐘。

◆ 因為各家爐溫會因烤箱爐性不同，而有所差異，所以可先參考以下提供的烤溫，及烘烤 時間的建議，之後觀察成品狀態，再進行調整。

　　⇒ 上火 100℃、下火 100℃，烘烤 15 分鐘。　　⇒ 上火 150℃、下火 130℃，烘烤 5 分鐘。
　　⇒ 上火 120℃、下火 100℃，烘烤 10 分鐘。　　⇒ 上火 160℃、下火 140℃，烘烤 5 ～ 7 分鐘。
　　⇒ 上火 140℃、下火 110℃，烘烤 10 分鐘。

||| 蛋糕・杯子蛋糕 |||

巧克力
杯子蛋糕
Chocolate Cupcake

INGREDIENTS 使用材料

可可蛋黃麵糊

① 玄米油 ──────── 45 克
② 鮮奶 ──────── 65 克
③ 低筋麵粉 ──────── 65 克
④ 無糖可可粉 ──────── 20 克
⑤ 蛋黃（約 3 顆）──────── 48 克
⑥ 全蛋（去殼約 1 顆）──────── 51 克

蛋白霜

⑦ 細砂糖 a ──────── 10 克
⑧ 冰蛋白（約 3 顆）──────── 105 克
⑨ 細砂糖 b ──────── 50 克
⑩ 檸檬汁或白醋 ──────── ½ 小匙

STEP BY STEP 步驟說明

前置作業

01　預熱烤箱至上、下火 100℃。

02　取一容器，倒入蛋黃、全蛋、細砂糖 a，為蛋糖液，靜置備用。

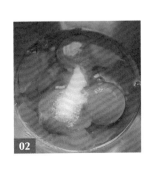
02

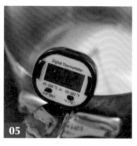

03 將低筋麵粉、無糖可可粉過篩，備用。

04 準備 12 連馬芬杯子蛋糕模具，套入直徑 7.5 公分、高 4 公分、底部 5 公分大小的紙模。

 ※ 馬芬連模可作為蛋糕麵糊的支撐。

可可蛋黃麵糊製作

05 使用燙麵法製作。將玄米油、鮮奶倒入鍋中，加熱至 60℃～65℃，離火。

06 加入過篩後的低筋麵粉、無糖可可粉。

07 用打蛋器將兩者拌勻，為麵糊。

 ※ 麵糊會呈現柔軟且帶點彈性的團狀，並不是硬的。

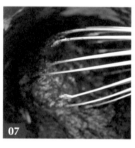

08 將蛋糖液分 3 ～ 4 次加入麵糊中，每次須拌勻後才可再次加入，直到蛋糖液加完為止。

09 蛋黃麵糊的狀態為，帶有流動性的狀態較絲滑，且帶有光澤，即完成可可蛋黃麵糊製作。

 ※ 可可蛋黃麵糊表面須覆蓋上濕布以防結皮。

蛋白霜製作

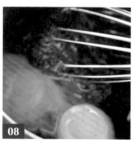

10 將冰蛋白倒入乾淨無油的攪拌盆中，用電動打蛋器：

 ① 以中高速打發至大泡泡出現，加入⅓量的細砂糖 b，再以中速繼續攪打；

 ② 攪打至蛋白出現細小泡泡，再加入⅓量的細砂糖 b，以中速繼續攪打；

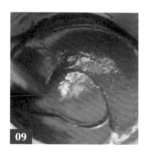

 ③ 攪打至出現紋路後，加入最後⅓量的細砂糖 b、檸檬汁；

 ④ 以中速攪打至蛋白挺立，尾端微彎，偏乾性發泡狀態，攪拌頭提起前，轉低速打發 10 ～ 15 秒，以讓蛋白更加細緻，完成蛋白霜製作。

 ※ 檸檬汁可用白醋代替，以讓蛋白霜的狀態穩定。

組合、烘烤

11 取⅓量的蛋白霜，加入可可蛋黃麵糊中，用刮刀翻拌均勻。

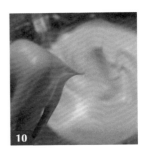

12 再倒回剩餘的蛋白霜中，拌勻，為可可蛋糕麵糊。

13 先將可可蛋糕麵糊裝入擠花袋內並剪一小開口後，在紙模內，擠入約 8 分滿的蛋糕麵糊後，以蛋糕測試針攪動或輕震以去除氣泡，約可製作 10 ～ 12 個巧克力杯子蛋糕。
❀ 將蛋糕麵糊裝入擠花袋內，在擠入紙模時會較好操作。

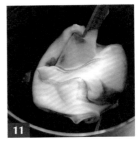

14 將模具放進烤箱的底層，先以不會裂開的低溫（上、下火100℃）固定表面，烤至表面上色後，再以漸進式的溫度烤熟內部，即可出爐，出爐後可馬上脫模，放涼即可享用。
❀ 漸進式溫度可參考 TIPS。

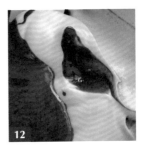

TIPS

◆ 燙麵法為將油與液體加熱，再加入粉類拌勻的操作方法。

◆ 在烘烤杯子蛋糕時，若想要有飽滿圓潤外觀，則建議使用漸進式烤溫烘烤蛋糕，雖然時間較長，但成品的外觀很美麗；若只想品嘗，不在意外觀可能會出現爆裂、凹陷等狀況，則能維持同樣的烤溫、烘烤時間，烤至熟透即可，而烤溫可設為上、下火 160℃，烘烤 25 ～ 30 分鐘。

◆ 因為各家爐溫會因烤箱爐性不同，而有所差異，所以可先參考以下提供的烤溫，及烘烤時間的建議，之後觀察成品狀態，再進行調整。

⇒ 上火 100℃、下火 100℃，烘烤 15 分鐘。
⇒ 上火 120℃、下火 100℃，烘烤 10 分鐘。
⇒ 上火 140℃、下火 110℃，烘烤 10 分鐘。
⇒ 上火 150℃、下火 130℃，烘烤 5 分鐘。
⇒ 上火 160℃、下火 140℃，烘烤 5 ～ 7 分鐘。

摩卡
杯子蛋糕
Mocha Cupcake

INGREDIENTS 使用材料

摩卡蛋黃麵糊	① 滾水	77 克	蛋白霜	⑥ 蛋黃（約 4 顆）	64 克
	② 無糖即溶咖啡粉	5 克		⑦ 咖啡酒	1 小匙
	③ 食用油	40 克			
	④ 低筋麵粉	65 克		⑧ 冰蛋白（約 4 顆）	140 克
	⑤ 無糖可可粉	10 克		⑨ 細砂糖	65 克
				⑩ 檸檬汁或白醋	½ 小匙

STEP BY STEP 步驟說明

前置作業

01　預熱烤箱至上、下火 100℃。

02　將低筋麵粉、無糖可可粉過篩，備用。

03　準備 12 連馬芬杯子蛋糕模具，套入直徑 7.5 公分、高 4 公分、底部 5 公分大小的紙模。

❀ 馬芬連模可作為蛋糕麵糊的支撐。

04

摩卡蛋黃麵糊製作

04 取一容器，倒入滾水、無糖即溶咖啡粉，拌勻至粉末散去，為咖啡液。

　❀ 建議選擇重烘焙的咖啡粉，炭香味較濃。

05 使用燙麵法製作。將食用油、咖啡液倒入鍋中，並加熱至60℃～ 65℃。

　❀ 建議使用玄米油、葡萄籽油、酪梨油等氣味淡且方便取得的油，因此較不建議使用花生油、麻油、橄欖油等氣味強烈的油。

06 加入過篩後的低筋麵粉、無糖可可粉，拌勻。

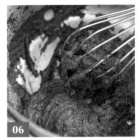

07 將蛋黃分 3 次加入，每次須拌勻後才可再次加入，直到蛋黃加完為止。

　❀ 拌好的燙麵是柔軟的，若太硬，主要因燙麵溫度過高，須降低溫度。

08 加入 1 小匙咖啡酒。

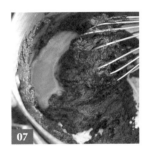

　❀ 咖啡酒會是另一個咖啡香氣的來源，若沒有咖啡酒，可使用等量的液體代替。

09 蛋黃麵糊的狀態為，提起刮刀後，液體滴落的痕跡維持 1 ～ 2 秒，且整體為絲滑光亮的狀態，完成摩卡蛋黃麵糊製作。

　❀ 摩卡蛋黃麵糊表面須覆蓋上濕布以防結皮。

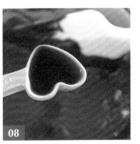

蛋白霜製作

10 將冰蛋白倒入乾淨無油的攪拌盆中，用電動打蛋器：

① 以中高速打發至大泡泡出現，加入⅓量的細砂糖，再以中速繼續攪打；

② 攪打至蛋白出現細小泡泡，再加入⅓量的細砂糖，以中速繼續攪打；

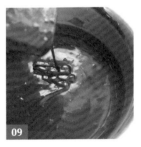

③ 攪打至出現紋路後，加入最後⅓量的細砂糖、檸檬汁；

④ 以中速攪打至蛋白挺立，尾端微彎，偏乾性發泡狀態，攪拌頭提起前，轉低速打發 10 ～ 15 秒，以讓蛋白更加細緻，完成蛋白霜製作。

　❀ 檸檬汁可用白醋代替，以讓蛋白霜的狀態穩定。

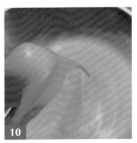

組合、烘烤

11 取⅓量的蛋白霜，加入摩卡蛋黃麵糊中，用刮刀翻拌均勻。

12 再倒回剩餘的蛋白霜中，拌勻。

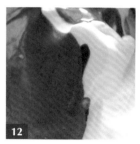

13 拌勻後的狀態為濃稠感，即完成摩卡蛋糕麵糊。

14 先將摩卡蛋糕麵糊裝入擠花袋內並剪一小開口後，在紙模內，擠入約 8 分滿的蛋糕麵糊後，以蛋糕測試針攪動或輕震以去除氣泡，約可製作 10 ～ 12 個摩卡杯子蛋糕。
　❀ 將蛋糕麵糊裝入擠花袋內，在擠入紙模時會較好操作。

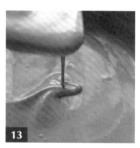

15 將模具放進烤箱的底層，先以不會裂開的低溫（上、下火 100℃）固定表面，烤至表面上色後，再以漸進式的溫度烤熟內部，即可出爐，出爐後可馬上脫模，放涼即可享用。
　❀ 漸進式溫度可參考 TIPS。

TIPS

◆ 燙麵法為將油與液體加熱，再加入粉類拌勻的操作方法。

◆ 在烘烤杯子蛋糕時，若想要有飽滿圓潤外觀，則建議使用漸進式烤溫烘烤蛋糕，雖然時間較長，但成品的外觀很美麗；若只想品嘗，不在意外觀可能會出現爆裂、凹陷等狀況，則能維持同樣的烤溫、烘烤時間，烤至熟透即可，而烤溫可設為上、下火 160℃，烘烤 25 ～ 30 分鐘。

◆ 因為各家爐溫會因烤箱爐性不同，而有所差異，所以可先參考以下提供的烤溫，及烘烤時間的建議，之後觀察成品狀態，再進行調整。

　⇒ 上火 100℃、下火 100℃，烘烤 15 分鐘。
　⇒ 上火 120℃、下火 100℃，烘烤 10 分鐘。
　⇒ 上火 140℃、下火 110℃，烘烤 10 分鐘。
　⇒ 上火 150℃、下火 130℃，烘烤 5 分鐘。
　⇒ 上火 160℃、下火 140℃，烘烤 5 ～ 7 分鐘。

柳橙杯子蛋糕
Citrus Cupcake

INGREDIENTS 使用材料

柳橙蛋黃麵糊	① 蛋黃（約4顆）	64 克
	② 食用油	45 克
	③ 柳橙汁	70 克
	④ 低筋麵粉	80 克
蛋白霜	⑤ 冰蛋白（約4顆）	140 克
	⑥ 細砂糖	55 克
	⑦ 檸檬汁或白醋	½ 小匙

前置作業

01 預熱烤箱至上、下火 100℃。

02 準備 12 連馬芬杯子蛋糕模具，套入直徑 7.5 公分、高 4 公分、底部 5 公分大小的紙模。

❀ 紙模可作為蛋糕麵糊的支撐。

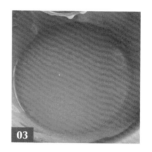

柳橙蛋黃麵糊製作

03 將蛋黃、食用油拌勻，備用。

❀ 建議使用玄米油、葡萄籽油、酪梨油等氣味淡且方便取得的油，因此較不建議使用花生油、麻油、橄欖油等氣味強烈的油。

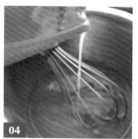

04 倒入柳橙汁，拌勻，為柳橙蛋液。

❀ 該步驟使用現榨柳橙汁，若想選市售柳橙汁，建議選擇無糖柳橙汁。若味道想要更濃郁，則可以加入少許的君度橙酒代替柳橙汁，或刨一些柳橙皮屑。

05 將低筋麵粉倒入篩網，可透過湯匙等器具或用手敲篩網的方式，將粉類同時過篩至柳橙蛋液中，用刮刀翻拌均勻。

06 蛋黃麵糊的狀態為，攪拌時有濃稠感、會流動的狀態，即完成柳橙蛋黃麵糊製作。

❀ 柳橙蛋黃麵糊表面須覆蓋上濕布以防結皮。

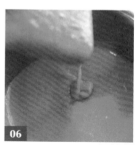

蛋白霜製作

07 將冰蛋白倒入乾淨無油的攪拌盆中，用電動打蛋器：

① 以中高速打發至大泡泡出現，加入⅓量的細砂糖，再以中速繼續攪打；

② 攪打至蛋白出現細小泡泡，再加入⅓量的細砂糖，以中速繼續攪打；

③ 攪打至出現紋路後，加入最後⅓量的細砂糖、檸檬汁；

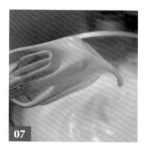

④ 以中速攪打至蛋白挺立，尾端微彎，偏乾性發泡狀態，攪拌頭提起前，轉低速打發 10 ～ 15 秒，以讓蛋白更加細緻，完成蛋白霜製作。

❀ 檸檬汁可用白醋代替，以讓蛋白霜的狀態穩定。

組合、烘烤

08 取⅓量的蛋白霜，加入柳橙蛋黃麵糊中，用刮刀翻拌均勻。

09 再倒回剩餘的蛋白霜中，拌勻。

10 拌勻後的狀態為濃稠感，即完成柳橙蛋糕麵糊。

11 先將柳橙蛋糕麵糊裝入擠花袋內並剪一小開口後，在紙模內，擠入約 8 分滿的蛋糕麵糊後，以蛋糕測試針攪動或輕震以去除氣泡，約可製作 10 ～ 12 個柳橙杯子蛋糕。

    ❀ 將柳橙蛋糕麵糊裝入擠花袋內，在擠入紙模時會較好操作。

12 將模具放入烤箱的底層，先以不會裂開的低溫（上、下火100℃）固定表面，烤至表面上色後，再以漸進式的溫度烤熟內部，即可出爐，出爐後可馬上脫模，放涼即可享用。

    ❀ 漸進式溫度可參考 TIPS。

08

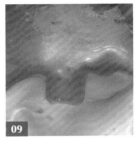

09

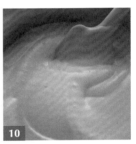

10

11

TIPS

◆ 在烘烤杯子蛋糕時，若想要有飽滿圓潤外觀，則建議使用漸進式烤溫烘烤蛋糕，雖然時間較長，但成品的外觀很美麗；若只想品嘗，不在意外觀可能會出現爆裂、凹陷等狀況，則能維持同樣的烤溫、烘烤時間，烤至熟透即可，而烤溫可設為上、下火 160℃，烘烤 25 ～ 30 分鐘。

◆ 因為各家爐溫會因烤箱爐性不同，而有所差異，所以可先參考以下提供的烤溫，及烘烤時間的建議，之後觀察成品狀態，再進行調整。

    ⇒ 上火 100℃、下火 100℃，烘烤 15 分鐘。
    ⇒ 上火 120℃、下火 100℃，烘烤 10 分鐘。
    ⇒ 上火 140℃、下火 110℃，烘烤 10 分鐘。
    ⇒ 上火 150℃、下火 130℃，烘烤 5 分鐘。
    ⇒ 上火 160℃、下火 140℃，烘烤 5 ～ 7 分鐘。

||| 蛋糕·杯子蛋糕 |||

蜂蜜小熊
杯子蛋糕
Love Teddy
Honey Cupcake

INGREDIENTS 使用材料

| ① 白色鈕扣型巧克力 | 30 ～ 36 顆 |

蜂蜜蛋黃麵糊

② 蜂蜜（約 1 大匙）	15 克
③ 鮮奶	60 克
④ 蛋黃（約 4 顆）	64 克
⑤ 玄米油	45 克
⑥ 低筋麵粉	80 克
⑦ 食鹽	少許

蛋白霜

⑧ 冰蛋白（約 4 顆）	140 克
⑨ 細砂糖	50 克
⑩ 檸檬汁或白醋	½ 小匙

STEP BY STEP 步驟說明

前置作業

01 預熱烤箱至上、下火 100℃。

02 準備 12 連馬芬杯子蛋糕模具，套入
直徑 7.5 公分、高 4 公分、底部 5 公
分大小的紙模。

✿ 馬芬連模可作為蛋糕麵糊的支撐。

蜂蜜蛋黃麵糊製作

03 取一容器，倒入蜂蜜、鮮奶，拌勻，
為蜂蜜鮮奶。

✿ 鮮奶可事先加熱至微溫，約 40℃，以
便與蜂蜜拌勻。

04 另取一容器，倒入蛋黃、玄米油，拌勻。

　　❀ 建議使用玄米油、葡萄籽油、酪梨油等氣味淡且方便取得的油，因此較不建議使用花生油、麻油、橄欖油等氣味強烈的油。

05 加入蜂蜜鮮奶，拌勻，為蜜奶蛋液。

06 將低筋麵粉倒入篩網，可透過湯匙等器具或用手敲篩網的方式，將粉類同時過篩至蜜奶蛋液中後，加入食鹽，用刮刀翻拌均勻。

07 蛋黃麵糊的狀態為，提起刮刀後，液體滴落的摺痕會維持 1～2 秒，完成蜂蜜蛋黃麵糊製作。

　　❀ 蜂蜜蛋黃麵糊表面須覆蓋上濕布以防結皮。

蛋白霜製作

08 將冰蛋白倒入乾淨無油的攪拌盆中，用電動打蛋器：

① 以中高速打發至大泡泡出現，加入⅓量的細砂糖，再以中速繼續攪打；

② 攪打至蛋白出現細小泡泡，再加入⅓量的細砂糖，以中速繼續攪打；

③ 攪打至出現紋路後，加入最後⅓量的細砂糖、檸檬汁；

④ 以中速攪打至蛋白挺立，尾端微彎，偏乾性發泡狀態，攪拌頭提起前，轉低速打發 10～15 秒，以讓蛋白更加細緻，完成蛋白霜製作。

　　❀ 檸檬汁可用白醋代替，以讓蛋白霜的狀態穩定。

組合、烘烤

09 取⅓量的蛋白霜，加入蜂蜜蛋黃麵糊中，用刮刀翻拌均勻。

10 再倒回剩餘的蛋白霜中，拌勻。

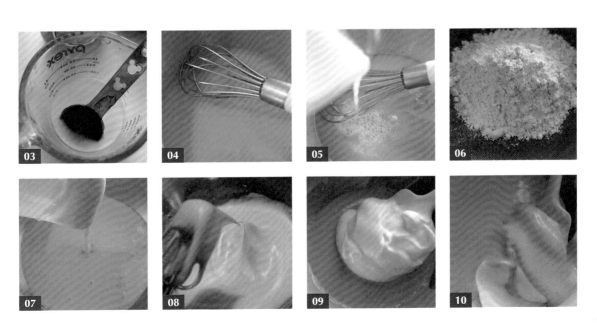

11　拌勻後的狀態為濃稠感，即完成蜂蜜蛋糕麵糊。

12　先將蜂蜜蛋糕麵糊裝入擠花袋內並剪一小開口後，在紙模內，擠入約 8 分滿的蛋糕麵糊後，以蛋糕測試針攪動或輕震以去除氣泡，約可製作 10 ～ 12 個蜂蜜杯子蛋糕。
　　❀ 將蜂蜜蛋糕麵糊裝入擠花袋內，在擠入紙模時會較好操作。

13　將模具放進烤箱的底層，先以不會裂開的低溫（上、下火 100℃）固定表面，烤至表面上色後，再以漸進式的溫度烤熟內部，即可出爐，放涼。
　　❀ 漸進式溫度可參考 TIPS。

14　待放涼後，進行裝飾，每個杯子蛋糕用 3 顆白色鈕扣型巧克力，分別為鼻子、2 隻耳朵。
　　❀ 須準備額外的 15 ～ 20 克黑巧克力隔水加熱後，用於固定白色鈕扣型巧克力。

　　✦ 鼻子：須先在鈕扣型巧克力的背後塗上融化的巧克力，並黏在蛋糕上。
　　✦ 耳朵：可用刀子在蛋糕上的 1 點鐘、11 點鐘的方向，割兩條線後，在左右兩側裝上耳朵，用融化的黑巧克力畫上嘴、鼻與眼睛，完成裝飾，即可享用。

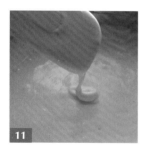   

TIPS

✦ 在烘烤杯子蛋糕時，若想要有飽滿圓潤外觀，則建議使用漸進式烤溫烘烤蛋糕，雖然時間較長，但成品的外觀很美麗；若只想品嘗，不在意外觀可能會出現爆裂、凹陷等狀況，則能維持同樣的烤溫、烘烤時間，烤至熟透即可，而烤溫可設為上、下火 160℃，烘烤 25 ～ 30 分鐘。

✦ 因為各家爐溫會因烤箱爐性不同，而有所差異，所以可先參考以下提供的烤溫，及烘烤時間的建議，之後觀察成品狀態，再進行調整。
　　⇒ 上火 100℃、下火 100℃，烘烤 15 分鐘。　⇒ 上火 150℃、下火 130℃，烘烤 5 分鐘。
　　⇒ 上火 120℃、下火 100℃，烘烤 10 分鐘。　⇒ 上火 160℃、下火 140℃，烘烤 5 ～ 7 分鐘。
　　⇒ 上火 140℃、下火 110℃，烘烤 10 分鐘。

||| 蛋糕・杯子蛋糕 |||

奶茶
杯子蛋糕

Milk Tea Cupcake

INGREDIENTS 使用材料

奶茶	① 鮮奶	150 克
	② 紅茶包	2 包
奶茶蛋黃麵糊	③ 蛋黃	50 克
	④ 食用油	30 克
	⑤ 低筋麵粉	60 克
	⑥ 奶茶 a	55 克
蛋白霜	⑦ 冰蛋白	130 克
	⑧ 細砂糖 a（或三溫糖）	55 克
	⑨ 檸檬汁或白醋	½ 小匙
奶茶奶霜	⑩ 奶茶 b	45～50 克
	⑪ 馬斯卡彭起司	80 克
	⑫ 動物性鮮奶油	50 克
	⑬ 細砂糖 b	18 克

STEP BY STEP 步驟說明

前置作業

01 預熱烤箱至上、下火 100℃。

02 準備 12 連馬芬杯子蛋糕模具，套入直徑 7.5 公分、高 4 公分、底部 5 公分大小的紙模。

❀ 馬芬連模可作為蛋糕麵糊的支撐。

奶茶製作

03　將鮮奶倒入鍋中，煮至鍋邊冒泡，放入紅茶包，以小火煮 1 分鐘後，關火靜置，待鮮奶放涼後取出茶包，為奶茶。

04　取 55 克為奶茶 a，製作奶茶蛋黃麵糊；剩下約 45 ～ 50 克為奶茶 b，製作奶茶奶霜。

奶茶蛋黃麵糊製作

05　取一容器，倒入蛋黃、食用油，拌勻，備用。
　　❀ 建議使用玄米油、葡萄籽油、酪梨油等氣味淡且方便取得的油，因此較不建議使用花生油、麻油、橄欖油等氣味強烈的油。

06　另取一容器，倒入蛋黃、食用油，用打蛋器快速拌勻，以達到完全乳化的效果，色澤會比蛋黃原本的顏色淡，呈偏白的狀態。

07　倒入奶茶 a，拌勻，為奶茶蛋液。

08　先將低筋麵粉倒入篩網，可透過湯匙等器具或用手敲篩網的方式，將粉類同時過篩至奶茶蛋液中，再用刮刀翻拌均勻。

09　蛋黃麵糊的狀態為，提起攪拌頭後會流動，液體滴落的摺痕會維持 1 ～ 2 秒，完成奶茶蛋黃麵糊製作。
　　❀ 奶茶蛋黃麵糊表面須覆蓋上濕布以防結皮。

蛋白霜製作

10　將冰蛋白倒入乾淨無油的攪拌盆中，用電動打蛋器：
　　① 以中高速打發至大泡泡出現，加入 ⅓ 量的細砂糖 a，再以中速繼續攪打；
　　② 攪打至蛋白出現細小泡泡，再加入 ⅓ 量的細砂糖 a，以中速繼續攪打；
　　③ 攪打至出現紋路後，加入最後 ⅓ 量的細砂糖 a、檸檬汁；

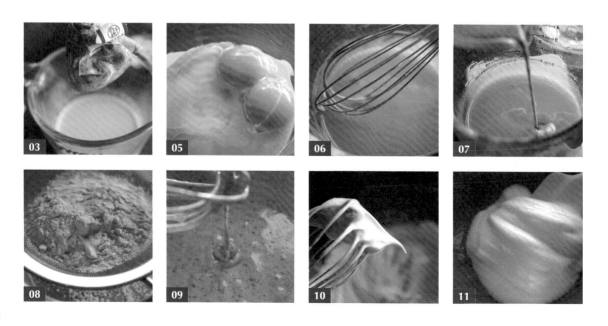

④ 以中速攪打至蛋白挺立，尾端微彎，偏乾性發泡狀態，攪拌頭提起前，轉低速打發 10 ～ 15 秒，以讓蛋白更加細緻，完成蛋白霜製作。

　※ 檸檬汁可用白醋代替，以讓蛋白霜的狀態穩定。

組合、烘烤

11 取⅓量的蛋白霜，加入奶茶蛋黃麵糊中，用刮刀翻拌均勻。

12 再倒回剩餘的蛋白霜中，拌勻。

13 拌勻後的狀態為濃稠感，即完成奶茶蛋糕麵糊。

14 先將奶茶蛋糕麵糊裝入擠花袋內並剪一小開口後，在紙模內，擠入約 7 分滿的蛋糕麵糊後，以蛋糕測試針攪動或輕震以去除氣泡，約可製作 8 ～ 10 個奶茶杯子蛋糕。

　※ 將蛋糕麵糊裝入擠花袋內，在擠入紙模時會較好操作。

15 將模具放進烤箱的底層，先以不會裂開的低溫（上、下火 100℃）固定表面，烤至表面上色後，再以漸進式的溫度烤熟內部，即可出爐，放涼。

　※ 漸進式溫度可參考 P.94 的 TIPS。

奶茶奶霜製作

16 取一容器，倒入奶茶 b、馬斯卡彭起司、動物性鮮奶油、細砂糖 b，用電動打蛋器打發至 5 ～ 6 分，為帶有流動性的打發程度後，完成奶茶奶霜製作。

組合

17 待蛋糕全涼，用湯匙將奶茶奶霜舀起，放在杯子蛋糕上，即可享用。

　※ 可在表面加上珍珠作為裝飾。

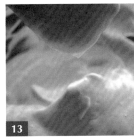

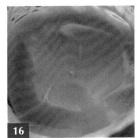

TIPS

可購買市售冷凍即食珍珠，加熱後即可使用；也可購買乾貨類珍珠，依照包裝上的烹調方式煮熟後使用。

CHAPTER
2.
麵包
BREAD

日常吐司
Daily Bread

INGREDIENTS 使用材料

① 高筋麵粉 a（蛋白質 13% 以上）—— 50 克	⑥ 全蛋（去殼）—— 30 克
② 高筋麵粉 b（蛋白質 12% 以上）200 克	⑦ 動物性鮮奶油 —— 30 克
③ 速發酵母 —— 3 克	⑧ 食鹽 —— 5 克
④ 細砂糖 —— 20 克	⑨ 清水 —— 110 克
⑤ 煉乳 —— 20 克	⑩ 無鹽奶油（室溫軟化）—— 20 克

STEP BY STEP 步驟說明

前置作業

01 將無鹽奶油放置室溫軟化,備用。

02 準備一個 12 兩的吐司模。

03 在吐司發酵至 5 分滿時,預熱烤箱至上火 180℃、下火 200℃。

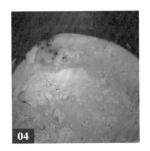

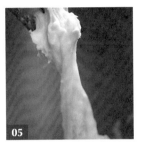

主麵團製作

04 取攪拌缸,倒入高筋麵粉 a、高筋麵粉 b、速發酵母、細砂糖、煉乳、全蛋、動物性鮮奶油、食鹽、清水。

　　※ 因各廠牌麵粉的吸水性不同,所以水量可以事先保留 20 ～ 30 克,觀察麵團的狀態再決定是否要加入。

05 以桌上型攪拌機慢速攪拌成團後,再轉中速攪打至麵團可拉長,麵團與攪拌缸有拍缸聲。

　　※ 拍缸聲為麵團可拉長,開始產生筋性狀態。

06 當麵團的狀態可拉長,並開始產生筋性狀態時,加入室溫軟化的無鹽奶油。

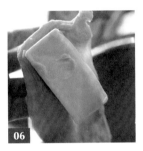

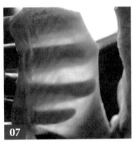

07 以慢速攪拌至無鹽奶油被麵團吸收,再轉中速甩打麵團,直至麵團帶有彈性,外觀光滑,用手可撐出強韌的薄膜。

08 薄膜的裂口呈直線狀態,為麵團在完全階段,終溫為不超過 26℃。

　　※ 終溫為麵團攪拌的溫度。

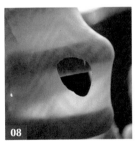

基礎發酵

09 將麵團放入容器中,在溫度 28℃,濕度 75% 的環境中,進行基礎發酵。

10 若家中無發酵箱，可以使用烤箱幫助發酵，將烤箱的電源打開後，放入溫度計，當溫度到達 28℃ 時，立刻關掉電源，此時可將麵團放入烤箱，旁邊放一碗熱水。

　❀ 熱水可增加環境裡的濕度，有助於麵團發酵。

11 麵團約發酵 60 ～ 90 分鐘，至原先體積的 2 倍大。

12 手指沾高筋麵粉，戳入麵團，呈不回彈的狀態，完成麵團基礎發酵。

分割滾圓、中間發酵

13 將麵團平均分成三份。

14 將麵團滾圓以幫助排氣，完成後才能進行下一步驟。

　❀ 判斷的狀態為，手壓麵團時，帶有些許彈性的緊度。

15 麵團須鬆弛 30 分鐘，可在上方覆蓋塑膠袋，以讓麵團保濕。

　❀ 適度的鬆弛有利於後續的捲擀。

16 適度鬆弛後，取一份麵團。

17 取擀麵棍，將麵團上下擀開後，翻面。

18 將麵團由上往下捲起。

19 重複步驟 17-18，依序完成其他麵團捲擀，此動作為第一次捲擀。

20 取一份完成第一次捲擀的麵團，並轉 90 度的方向。

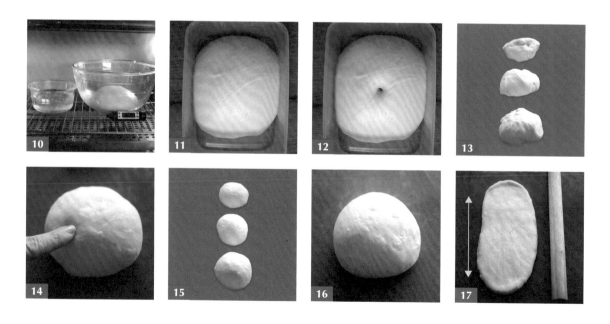

21　使用擀麵棍將麵團上下擀長，約擀麵棍的長度，翻面。

22　再將麵團由上往下捲起。

23　重複步驟 20-22，依序完成其他麵團捲擀，此動作為第二次捲擀。

最後發酵

24　將麵團放入吐司模中，在溫度 35℃，濕度 85% 的環境中，進行最後發酵。
　　❀ 若沒有發酵箱，可參考步驟 10，用烤箱進行發酵。

25　將麵團發酵至吐司模的 8 分滿，時間約 50 ～ 60 分鐘。
　　❀ 發酵時間為參考值，以麵團實際的發酵狀態為主。

26　判斷吐司模 8 分滿的方式為，大拇指第一指節扣住吐司模邊緣，可碰到吐司，即完成吐司最後發酵。

烘烤

27　放入烤箱，以上火 180℃、下火 200℃，烘烤 28 ～ 30 分鐘後，再使用隔熱手套將吐司模從烤箱裡取出。

28　將吐司模從 20 ～ 30 公分的高處放下，敲出水氣後，就能馬上脫模，待放涼後切片，即可享用。

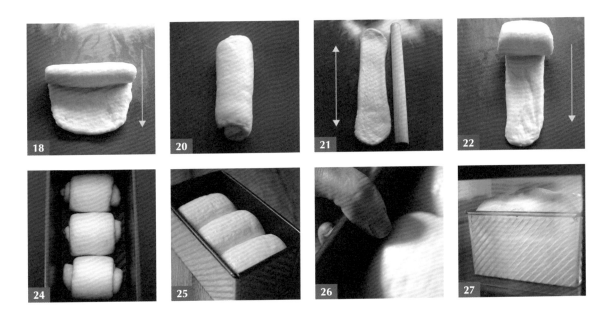

50% 全麥吐司
50% Wholemeal Bread

INGREDIENTS 使用材料

液種麵團	① 全麥麵粉	150 克	
	② 清水 a	150 克	
	③ 速發酵母 a	0.5 克	
主麵團	④ 高筋麵粉	150 克	
	⑤ 速發酵母 b	3 克	

⑥ 細砂糖	25 克
⑦ 奶粉	10 克
⑧ 無糖希臘優格	20 克
⑨ 食鹽	5 克
⑩ 清水 b	50 克
⑪ 無鹽奶油（室溫軟化）	25 克

前置作業

01　將無鹽奶油靜置室溫軟化，備用。

02　準備一個 12 兩的吐司模。

03　在吐司發酵至 5 分滿時，預熱烤箱至上火 180℃、下火 200℃。

液種麵團製作

04　將全麥麵粉、清水 a、速發酵母 a，放入可密封容器（保鮮盒）中。

05　拌勻成團後蓋上盒蓋，放置室溫 1 小時，再送入冷藏靜置 15 小時。

06　直至液種麵團為容器的 2 ～ 3 倍高，原本鬆散的狀態形成網狀筋性，且內部充滿氣泡非常輕盈狀態後，不用退冰，直接加入主麵團中使用。

主麵團製作

07　取攪拌缸，倒入高筋麵粉、液種麵團、速發酵母 b、細砂糖、奶粉、無糖希臘優格、食鹽、清水 b。

　　❀ 因各廠牌麵粉的吸水性不同，所以水量可以事先保留 20 ～ 30 克，觀察麵團的狀態再決定是否要加入。

08　以桌上型攪拌機慢速攪拌成團後，再轉中速攪打至麵團可拉長，麵團與攪拌缸有拍缸聲。

　　❀ 拍缸聲為麵團可拉長，開始產生筋性狀態。

09　當麵團的狀態可拉長，並開始產生筋性狀態時，加入室溫軟化的無鹽奶油。

   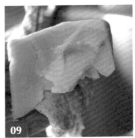

10 以慢速攪拌至無鹽奶油被麵團吸收，再轉中速甩打麵團，直至麵團帶有彈性，外觀光滑，用手可撐出強韌的薄膜，呈現 8 分筋度的狀態。

11 薄膜的裂口帶有些微鋸齒痕跡，為麵團在完全階段，終溫為不超過 26℃。
＊ 終溫為麵團攪拌的溫度。

基礎發酵

12 將麵團放入容器中，在溫度 28℃，濕度 75% 的環境中，進行基礎發酵。

13 若家中無發酵箱，可以使用烤箱幫助發酵，將烤箱的電源打開後，放入溫度計，當溫度到達 28℃ 時，立刻關掉電源，此時可將麵團放入烤箱，旁邊放一碗熱水。
＊ 熱水可增加環境裡的濕度，有助於麵團發酵。

14 麵團約發酵 60 ～ 70 分鐘，至體積 2 倍大。

15 手指沾高筋麵粉，戳入麵團，呈不回彈的狀態，完成麵團基礎發酵。

分割滾圓、中間發酵

16 將麵團分成三份。

17 將麵團滾圓以幫助排氣，完成後才能進行下一步驟。
＊ 判斷的狀態為，手壓麵團時，帶有些許彈性的緊度。

18 麵團須鬆弛 30 分鐘，可在上方覆蓋塑膠袋，以讓麵團保濕。
＊ 適度的鬆弛有利於後續的捲擀。

19 適度鬆弛後，取一份麵團。

20 取擀麵棍，將麵團上下擀開後，翻面。

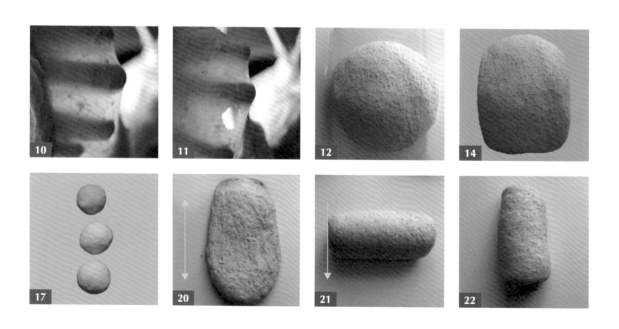

21 由上往下捲起，並依序完成其他麵團捲擀，此動作為第一次捲擀。

22 取一份完成第一次捲擀的麵團，並轉90 度的方向。

23 使用擀麵棍將麵團上下擀長，約擀麵棍的長度，翻面。

24 再將麵團由上往下捲起。

25 重複步驟 22-24，依序完成其他麵團捲擀，此動作為第二次捲擀。

最後發酵

26 將麵團放入吐司模中，在溫度 35℃，濕度 85% 的環境中，進行最後發酵。
   ❀ 若沒有發酵箱，可參考步驟 13，用烤箱進行發酵。

27 將麵團發酵至吐司模的 8 分滿，時間約50 ～ 60 分鐘。
   ❀ 發酵時間為參考值，以麵團實際的發酵狀態為主。

28 判斷吐司模 8 分滿的方式為，大拇指第一指節扣住吐司模邊緣，可碰到吐司，即完成吐司最後發酵。

烘烤

29 放入烤箱，以上火 180℃、下火 200℃，烘烤 30 ～ 32 分鐘後，再使用隔熱手套將吐司模從烤箱裡取出。

30 將吐司模從 20 ～ 30 公分的高處放下，以敲出水氣，就能馬上脫模，待放涼後切片，即可享用。

23

24

26

28

30

抹茶吐司
Matcha Bread

INGREDIENTS 使用材料

中種麵團
① 清水 a —————— 95 克
② 蜂蜜 —————— 10 克
③ 高筋麵粉 a —————— 175 克
④ 速發酵母 —————— 3 克

主麵團
⑤ 高筋麵粉 b —————— 75 克
⑥ 無糖烘焙抹茶粉 —————— 5 克
⑦ 細砂糖 —————— 25 克

⑧ 煉乳 —————— 15 克
⑨ 動物性鮮奶油 —————— 15 克
⑩ 食鹽 —————— 4 克
⑪ 清水 b —————— 65 克
⑫ 無鹽奶油（室溫軟化）—————— 15 克

前置作業

01　將無鹽奶油靜置室溫軟化，備用。

02　準備一個長 13.5 公分 × 寬 12 公分 × 高 13 公分的四方帶蓋吐司模。

　　※ 也能使用 12 兩的帶蓋吐司模。

03　在吐司發酵至 5 分滿時，預熱烤箱至上、下火 200℃。

普通中種麵團製作

04　取一容器，倒入清水 a、蜂蜜，拌勻，為蜂蜜水。

05　取攪拌缸，倒入蜂蜜水、高筋麵粉 a、速發酵母，攪拌至成團，為中種麵團。

06　因為中種麵團本身偏乾，所以表面仍是粗糙的狀態，須放置 26℃的環境中，讓中種
　　麵團約發酵 1.5 ～ 2 小時。

　　※ 時間僅供參考，須以中種麵團實際的發酵狀態為主。

07　待中種麵團發酵至視覺的 3 ～ 4 倍大，用手指一壓，充滿氣體，表面有坍塌感，氣
　　味是麵團的麵香，沒有任何酒精味或酸味，完成普通中種麵團製作。

主麵團製作

08　取攪拌缸，倒入中種麵團、高筋麵粉 b、無糖烘焙抹茶粉、細砂糖、煉乳、動物性
　　鮮奶油、食鹽、清水 b。

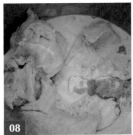

09 以桌上型攪拌機慢速攪拌成團後，再轉中速攪打至麵團可拉長，麵團與攪拌缸有拍缸聲。

     ❀ 拍缸聲為麵團可拉長，開始產生筋性狀態。

10 當麵團的狀態可拉長，並開始產生筋性狀態時，加入室溫軟化的無鹽奶油。

11 以慢速攪拌至無鹽奶油被麵團吸收，再轉中速甩打麵團，直至麵團帶有彈性，外觀光滑，用手可撐出強韌的薄膜。

12 薄膜的裂口呈直線狀態，為麵團在完全階段，終溫為不超過 26℃。

     ❀ 終溫為麵團攪拌的溫度。

基礎發酵

13 將麵團放入容器中，在溫度 28℃，濕度 75% 的環境中，進行基礎發酵。

14 若家中無發酵箱，可以使用烤箱幫助發酵，將烤箱的電源打開後，放入溫度計，當溫度到達 28℃ 時，立刻關掉電源，此時可將麵團放入烤箱，旁邊放一碗熱水。

     ❀ 熱水可增加環境裡的濕度，有助於麵團發酵。

15 麵團發酵 30 分鐘，至原先體積的 2 倍大。

16 手指沾高筋麵粉，戳入麵團，呈不回彈的狀態，完成麵團基礎發酵。

滾圓、中間發酵

17 將麵團滾圓以幫助排氣，完成後才能進行下一步驟。

     ❀ 判斷的狀態為，手壓麵團時，帶有些許彈性的緊度。

18 麵團須鬆弛 20 分鐘，可在上方覆蓋塑膠袋，以讓麵團保濕。

     ❀ 適度的鬆弛有利於後續的捲擀。

19 取擀麵棍，將麵團上下擀開，擀成一張長度約 25 公分的長方形麵團。

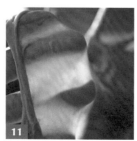

10   11   15   16

20 將長方形麵團翻面，由上往下摺至麵團⅔處後，再由下往上摺至與麵團齊平，此動作為第一次捲擀。

21 轉 90 度，使用擀麵棍將麵團上下擀長，比擀麵棍的長度再長點。

22 翻面，再將麵團由上往下捲起，此動作為第二次捲擀。

最後發酵、烘焙

23 將麵團放入四方吐司模中發酵。

24 在溫度 35℃，濕度 85% 的環境中，進行最後發酵。
   ✿ 若沒有發酵箱，可參考步驟 14，用烤箱進行發酵。

25 將麵團發酵至四方吐司模的 8 分滿，時間約 50 ～ 60 分鐘。
   ✿ 發酵時間為參考值，以麵團實際的發酵狀態為主。

26 判斷吐司模 8 分滿的方式為，大拇指第一指節扣住吐司模邊緣，可碰到吐司，即完成吐司最後發酵。

烘烤

27 蓋上吐司頂蓋，放入烤箱，以上、下火 200℃，烘烤 28 分鐘後，使用隔熱手套將吐司模從烤箱裡取出。

28 將四方吐司模從 20 ～ 30 公分的高處放下，以敲出水氣，就能馬上脫模，待放涼後切片，即可享用。

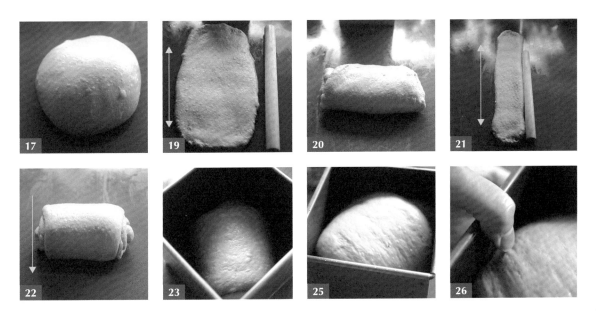

布里歐許皇冠吐司

Brioche

INGREDIENTS 使用材料

① 高筋麵粉	240 克		⑥ 食鹽			4 克
② 速發酵母	3 克		⑦ 清水			95 克
③ 細砂糖	45 克		⑧ 無鹽奶油 a（室溫軟化）			30 克
④ 奶粉	8 克		⑨ 無鹽奶油 b（切小塊）			10 克
⑤ 全蛋（去殼）	60 克					

前置作業

01 將無鹽奶油 a 放置室溫軟化，備用。

02 準備一個 12 兩的吐司模。

03 在吐司發酵至 5 分滿時，預熱烤箱至上火 180℃、下火 200℃。

主麵團製作

04 取攪拌缸，倒入高筋麵粉、速發酵母、細砂糖、奶粉、全蛋、食鹽、清水。

　　❀ 因各廠牌麵粉的吸水性不同，所以水量可以事先保留 20 ～ 30 克，觀察麵團的狀態再決定是否要加入。

05 以桌上型攪拌機慢速攪拌成團後，再轉中速攪打至麵團可拉長，麵團與攪拌缸有拍缸聲。

　　❀ 拍缸聲為麵團可拉長，開始產生筋性狀態。

06 當麵團的狀態可拉長，並開始產生筋性狀態時，加入室溫軟化的無鹽奶油 a。

07 以慢速攪拌至無鹽奶油 a 被麵團吸收，再轉中速甩打麵團，直至麵團帶有彈性，外觀光滑，用手可撐出強韌的薄膜。

08 薄膜的裂口處呈直線狀態，為麵團在完全階段，終溫為不超過 26℃。

　　❀ 終溫為麵團攪拌的溫度。

基礎發酵

09 將麵團放入容器中，在溫度 28℃，濕度 75% 的環境中，進行基礎發酵。

10 若家中無發酵箱，可以使用烤箱幫助發酵，將烤箱的電源打開後，放入溫度計，當溫度到達 28℃時，立刻關掉電源，此時可將麵團放入烤箱，旁邊放一碗熱水。

　　❀ 熱水可增加環境裡的濕度，有助於麵團發酵。

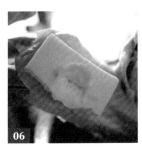
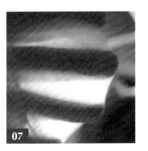

11 麵團發酵 60 ～ 90 分鐘，至原先體積的 2 倍大。

12 手指沾高筋麵粉，戳入麵團，呈不回彈的狀態，完成麵團基礎發酵。

分割滾圓、中間發酵

13 將麵團平均分成四份。

14 將麵團滾圓以幫助排氣，完成後才能進行下一步驟。
   ◉ 判斷的狀態為，手壓麵團時，帶有些許彈性的緊度。

15 麵團須鬆弛 30 分鐘，可在上方覆蓋塑膠袋，以讓麵團保濕。
   ◉ 適度的鬆弛有利於後續的捲擀。

16 適度鬆弛後，取一份麵團。

17 取擀麵棍，將麵團上下擀開後，翻面。

18 將麵團由上往下捲起。

19 重複步驟 17-18，依序完成其他麵團捲擀，此動作為第一次捲擀。

20 取一份完成第一次捲擀的麵團，並轉 90 度的方向。

21 使用擀麵棍將麵團上下擀長，約擀麵棍的長度，翻面。

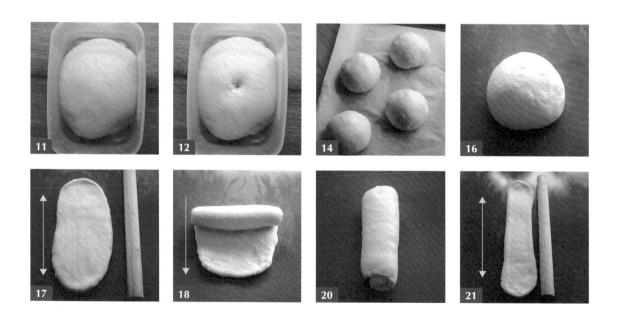

22　再將麵團由上往下捲起。

23　重複步驟 20-22，依序完成其他麵團捲擀，此動作為第二次捲擀。

最後發酵

24　將麵團放入吐司模中，在溫度 35℃，濕度 85% 的環境中，進行最後發酵。
　　❀ 若沒有發酵箱，可參考步驟 10，用烤箱進行發酵。

25　將麵團發酵至吐司模的 7 分滿。
　　❀ 因為此款吐司的膨脹性很好，所以只須發酵至 7 分滿。

26　用剪刀從每個麵團的最短處剪一開口，並將無鹽奶油 b 切小塊，放入麵團的開口處。
　　❀ 因份量較少，所以放入有鹽奶油或無鹽奶油都可以，該步驟的重點為增添風味。

烘烤

27　放入烤箱，以上火 180℃、下火 200℃，烘烤 28 ～ 30 分鐘後，再使用隔熱手套將吐司模從烤箱裡取出。

28　將吐司模從 20 ～ 30 公分的高處放下，以敲出水氣，就能馬上脫模，待放涼後切片，即可享用。

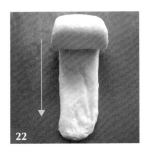

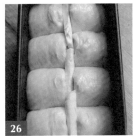

可可風味布里歐許皇冠吐司

Chocolate Brioche

INGREDIENTS 使用材料

① 高筋麵粉	240 克	
② 無糖可可粉	15 克	
③ 速發酵母	3 克	
④ 細砂糖	45 克	
⑤ 奶粉	8 克	
⑥ 全蛋（去殼）	60 克	
⑦ 食鹽	4 克	
⑧ 清水	95 克	
⑨ 君度橙酒	10 克	
⑩ 無鹽奶油 a（室溫軟化）	30 克	
⑪ 榛果巧克力抹醬	20 克	
⑫ 無鹽奶油 b（切小塊）	10 克	

前置作業

01 將無鹽奶油 a 靜置室溫軟化，備用。

02 準備一個 12 兩的吐司模。

03 在吐司發酵至 5 分滿時，預熱烤箱至上火 180℃、下火 200℃。

主麵團製作

04 取攪拌缸，倒入高筋麵粉、無糖可可粉、速發酵母、細砂糖、奶粉、全蛋、食鹽、清水、君度橙酒。

⌘ 因各廠牌麵粉的吸水性不同，所以水量可以事先保留 20 ～ 30 克，觀察麵團的狀態再決定是否要加入。

05 以桌上型攪拌機慢速攪拌成團後，再轉中速攪打至麵團可拉長，麵團與攪拌缸有拍缸聲。

⌘ 拍缸聲為麵團可拉長，開始產生筋性狀態。

06 當麵團的狀態可拉長，並開始產生筋性狀態時，加入室溫軟化的無鹽奶油 a、榛果巧克力抹醬。

07 以慢速攪拌至無鹽奶油 a 與榛果巧克力抹醬被麵團吸收，再轉中速甩打麵團，直至麵團帶有彈性，外觀光滑，用手可撐出強韌的薄膜。

08 薄膜的裂口呈直線痕跡，為麵團在完全階段，終溫為不超過 26℃。

⌘ 終溫為麵團攪拌的溫度。

04

06

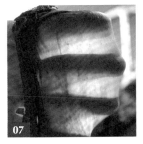
07

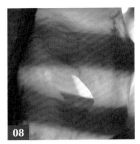
08

基礎發酵

09 將麵團放入容器中，在溫度 28℃，濕度 75% 的環境中，進行基礎發酵。

10 若家中無發酵箱，可以使用烤箱幫助發酵，將烤箱的電源打開後，放入溫度計，當溫度到達 28℃ 時，立刻關掉電源，此時可將麵團放入烤箱，旁邊放一碗熱水。

　　❀ 熱水可增加環境裡的濕度，有助於麵團發酵。

11 麵團約發酵 60 ～ 90 分鐘，至原先體積的 2 倍大。

12 手指沾高筋麵粉，戳入麵團，呈不回彈的狀態，完成麵團基礎發酵。

分割滾圓、中間發酵

13 將麵團平均分成四份。

14 將麵團滾圓以幫助排氣，完成後才能進行下一步驟。

　　❀ 判斷的狀態為，手壓麵團時，帶有些許彈性的緊度。

15 麵團須鬆弛 30 分鐘，可在上方覆蓋塑膠袋，以讓麵團保濕。

　　❀ 適度的鬆弛有利於後續的捲擀。

16 適度鬆弛後，取一份麵團。

17 取擀麵棍，將麵團上下擀開後，翻面。

18 將麵團由上往下捲起。

19 重複步驟 16-18，依序完成其他麵團捲擀，此動作為第一次捲擀。

20 取一份完成第一次捲擀的麵團，並轉 90 度的方向。

21 使用擀麵棍將麵團上下擀長，翻面。

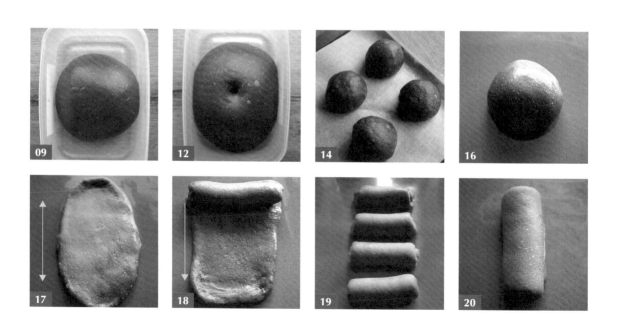

22 再將麵團由上往下捲起。

23 重複步驟 20-22，依序完成其他麵團捲擀，此動作為第二次捲擀。

最後發酵

24 將麵團放入吐司模中，在溫度 35℃、濕度 85% 環境中，進行最後發酵。

❀ 若沒有發酵箱，可參考步驟 10，用烤箱進行發酵。

25 將麵團發酵至吐司模的 7 分滿。

❀ 因為這款吐司的膨脹性很好，所以只須發酵至 7 分滿。

26 用剪刀從每個麵團的最短處剪一開口，並將無鹽奶油 b 切小塊，放入麵團的開口處。

❀ 因份量較少，所以放入有鹽奶油或無鹽奶油都可以，該步驟的重點為增添風味。

烘烤

27 放入烤箱，以上火 180℃、下火 200℃，烘烤 28 ~ 30 分鐘後，再使用隔熱手套將吐司模從烤箱裡取出。

28 將吐司模從 20 ~ 30 公分的高處放下，以敲出水氣，就能馬上脫模，待放涼後切片，即可享用。

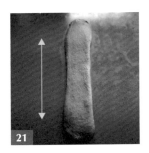   

TIPS

　　君度橙酒會讓吐司更有風味，非常推薦加入，但也可以換成等量的水或鮮奶。

||| 麵包・吐司 |||

可可風味
蛋糕吐司

Chocolate Chiffon
Cake with Bread

INGREDIENTS 使用材料

吐司

① 高筋麵粉	240	克
② 速發酵母	3	克
③ 細砂糖 a	18	克
④ 煉乳	15	克
⑤ 全蛋（去殼）	30	克
⑥ 動物性鮮奶油	25	克
⑦ 食鹽	4	克
⑧ 清水	105	克
⑨ 無鹽奶油（室溫軟化）	20	克

可可蛋黃麵糊

⑩ 食用油	55	克
⑪ 鮮奶	126	克
⑫ 低筋麵粉	100	克
⑬ 可可粉	30	克
⑭ 蛋黃（約 6 顆）	106	克

蛋白霜

⑮ 冰蛋白（約 6 顆）	216	克
⑯ 細砂糖 b	100	克
⑰ 檸檬汁或白醋	½	小匙

STEP BY STEP 步驟說明

前置作業

01 將無鹽奶油靜置室溫軟化，備用。

02 準備兩個 12 兩的吐司模，放進蛋糕吐司紙模，僅須在底部鋪上防沾烘焙紙，避免吐司底部沾黏。

❀ 此製作配方為兩條 12 兩的吐司量。

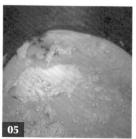

03　在蛋糕吐司進烤箱前 20 分鐘，預熱烤箱至上火 180℃、下
　　火 190℃。

04　將低筋麵粉、可可粉過篩，備用。

吐司製作

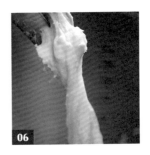
06

05　取攪拌缸，倒入高筋麵粉、速發酵母、細砂糖 a、煉乳、
　　全蛋、動物性鮮奶油、食鹽、清水。
　　❀ 因各廠牌麵粉的吸水性不同，所以水量可以事先保留 20 ～ 30
　　　克，觀察麵團的狀態再決定是否要加入。

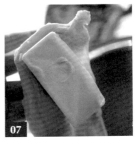
07

06　以桌上型攪拌機慢速攪拌成團後，再轉中速攪打至麵團可
　　拉長，麵團與攪拌缸有拍缸聲。
　　❀ 拍缸聲為麵團可拉長，開始產生筋性狀態。

07　當麵團的狀態可拉長，並開始產生筋性狀態時，加入室溫
　　軟化的無鹽奶油。

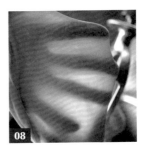
08

08　以慢速攪拌至無鹽奶油被麵團吸收，再轉中速甩打麵團，
　　直至麵團帶有彈性，外觀光滑，用手可撐出強韌的薄膜。

09　薄膜的裂口呈直線狀態，為麵團在完全階段，終溫為不超
　　過 26℃。
　　❀ 終溫為麵團攪拌的溫度。

10

基礎發酵

10　將麵團放入容器中，在溫度 28℃，濕度 75% 的環境中，
　　進行基礎發酵。

11　若家中無發酵箱，可以使用烤箱幫助發酵，將烤箱的電源
　　打開後，放入溫度計，當溫度到達 28℃ 時，立刻關掉電源，
　　此時可將麵團放入烤箱，旁邊放一碗熱水。
　　❀ 熱水可增加環境裡的濕度，有助於麵團發酵。

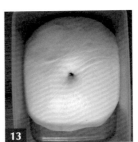
13

12　麵團約發酵 60 ～ 90 分鐘，至原先體積的 2 倍大。

13　手指沾高筋麵粉，戳入麵團，呈不回彈的狀態，完成麵團
　　基礎發酵。

分割滾圓、中間發酵

14 將麵團平均分成 2 份。

15 將麵團滾圓以幫助排氣，完成後才能進行下一步驟。
    ❀ 判斷的狀態為，手壓麵團時，帶有些許彈性的緊度。

16 麵團須鬆弛 30 分鐘，可在上方覆蓋塑膠袋，以讓麵團保濕。
    ❀ 適度的鬆弛有利於後續的捲擀。

17 適度鬆弛後，取一份麵團。

18 取擀麵棍，將麵團上下擀開，且寬度須接近吐司模的寬度，翻面。

19 將麵團由上往下捲起。

20 重複步驟 18-19，完成另一份麵團的捲擀動作。
    ❀ 該配方只做一次捲擀動作。

最後發酵

21 將麵團放入吐司模中，在溫度 35℃，濕度 85% 的環境中，進行最後發酵。
    ❀ 若沒有發酵箱，可參考步驟 11，用烤箱進行發酵。

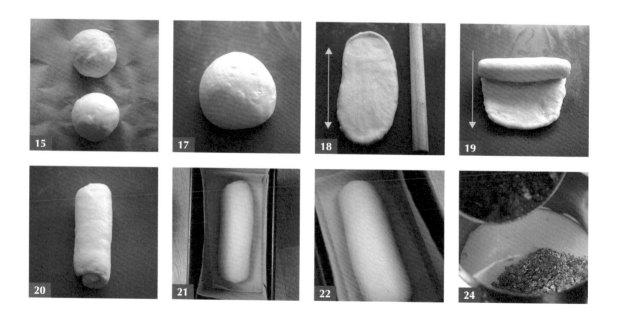

22 麵團約發酵 20 分鐘，至原先體積的 1 倍大。

❀ 發酵時間為參考值，以麵團實際的發酵狀態為主。

23 在發酵時，可以開始製作可可風味蛋糕體，因每人製作蛋糕體的速度不同，所以須自行斟酌開始製作的時間。

❀ 斟酌時間的要領為，將吐司發酵及放入烤箱時間的總長，預估 40～45 分鐘，再往回推算自己製作蛋糕的時間。

可可蛋黃麵糊製作

24 使用燙麵法製作。將食用油、鮮奶倒入鍋中，加熱至 60℃～65℃，離火。

25 加入過篩後的低筋麵粉、可可粉。

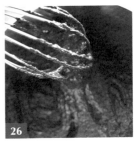

26 用打蛋器將兩者材料拌勻，為麵糊。

❀ 麵糊會呈現柔軟且帶點彈性的團狀，並不是硬的。

27 將蛋黃分 3～4 次加入麵糊中，每次須拌勻後才可再次加入，直到蛋黃加完為止。

28 拌勻後的狀態為，為光亮柔軟，不是乾硬的，完成可可蛋黃麵糊製作。

❀ 可可蛋黃麵糊表面須覆蓋上濕布以防結皮。

蛋白霜製作

29 將冰蛋白倒入乾淨無油的攪拌盆中，用電動打蛋器：

① 以中高速打發至大泡泡出現，加入⅓量的細砂糖 b，再以中速繼續攪打；

② 攪打至蛋白出現細小泡泡，再加入⅓量的細砂糖 b，以中速繼續攪打；

③ 攪打至出現紋路後，加入最後⅓量的細砂糖 b、檸檬汁；

④ 以中速攪打至蛋白挺立，乾性發泡狀態，攪拌頭提起前，轉低速打發 10～15 秒，以讓蛋白更加細緻，完成蛋白霜製作。

❀ 檸檬汁可用白醋代替，以讓蛋白霜的狀態穩定。

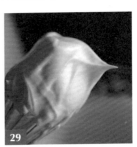

可可蛋糕麵糊組合

30 取⅓量的蛋白霜，加入可可蛋黃麵糊中，用刮刀翻拌均勻。

31 再倒回剩餘的蛋白霜中，拌勻，為可可蛋糕麵糊。

32 拌勻後的狀態為，為光亮濃稠，表面沒有不斷浮起的氣泡。

烘烤

33 將可可蛋糕麵糊分別倒入兩個吐司模中。
　　❀ 此時麵團為快要貼近模具邊緣，但尚未貼近的發酵狀態。

34 全部倒入吐司模後，將可可蛋糕麵糊抹平。

35 放入烤箱，以上火 180℃、下火 190℃，烘烤 10 分鐘後，取出吐司模，並在可可風味蛋糕吐司中間割線。
　　❀ 麵糊在割線後，會遇熱膨脹，出現工整的裂口。

36 放入烤箱，繼續烘烤 28 分鐘後，再使用隔熱手套將蛋糕吐司模從烤箱裡取出。

37 將吐司模從 20 ～ 30 公分的高處放下，以敲出水氣，就能馬上脫模，待放涼後切片，即可享用。

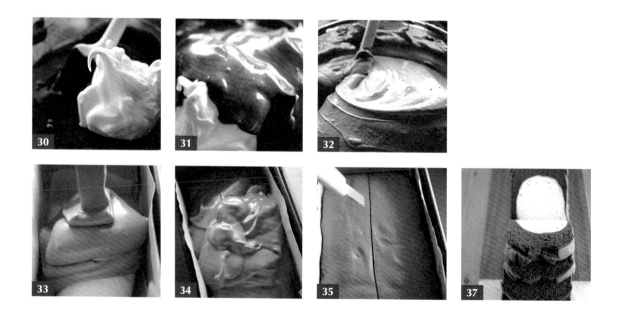

煉乳鮮奶油吐司
Condensed Milk Bread

INGREDIENTS 使用材料

液種麵團					
	① 高筋麵粉 a	100 克	⑦ 煉乳	30 克
	② 清水 a	100 克	⑧ 動物性鮮奶油	30 克
	③ 速發酵母 a	0.5 克	⑨ 清水 b	65 克
			⑩ 食鹽	5 克
主麵團	④ 高筋麵粉 b	200 克	⑪ 無鹽奶油（室溫軟化）	25 克
	⑤ 速發酵母 b	3 克		
	⑥ 細砂糖	15 克		

前置作業

01 將無鹽奶油靜置室溫軟化，備用。

02 準備一個 12 兩的吐司模。

03 在吐司發酵至 5 分滿時，預熱烤箱至上火 180℃、下火 200℃。

液種麵團製作

04 將高筋麵粉 a、清水 a、速發酵母 a，放入可密封容器（保鮮盒）中。

05 拌勻成團後蓋上盒蓋，放置室溫 1 小時，再送入冷藏靜置 15 小時。

06 直至液種麵團為容器的 2 ～ 3 倍高，原本鬆散的狀態形成網狀筋性，且內部充滿氣泡非常輕盈狀態後，不用退冰，直接加入主麵團中使用。

主麵團製作

07 取攪拌缸，倒入高筋麵粉 b、液種麵團、速發酵母 b、細砂糖、煉乳、動物性鮮奶油、清水 b、食鹽。

　※ 因各廠牌麵粉的吸水性不同，所以水量可以事先保留 20 ～ 30 克，觀察麵團的狀態再決定是否要加入。

08 以桌上型攪拌機慢速攪拌成團後，再轉中速攪打至麵團可拉長，麵團與攪拌缸有拍缸聲。

　※ 拍缸聲為麵團可拉長，開始產生筋性狀態。

09 當麵團的狀態可拉長，並開始產生筋性狀態時，加入室溫軟化的無鹽奶油。

10 以慢速攪拌至無鹽奶油被麵團吸收，再轉中速甩打麵團，直至麵團帶有彈性，外觀光滑，用手可撐出強韌的薄膜。

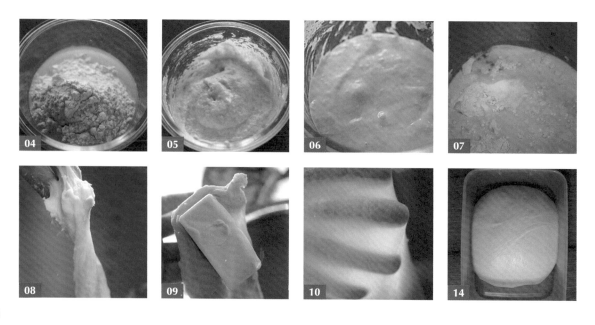

11 薄膜的裂口帶有直線痕跡，麵團在完全階段，終溫為不超過 26℃。

　　❀ 終溫為麵團攪拌的溫度。

基礎發酵

12 將麵團放入容器中，在溫度 28℃，濕度 75% 的環境中，進行基礎發酵。

13 若家中無發酵箱，可以使用烤箱幫助發酵，將烤箱的電源打開後，放入溫度計，當溫度到達 28℃ 時，立刻關掉電源，此時可將麵團放入烤箱，旁邊放一碗熱水。

　　❀ 熱水可增加環境裡的濕度，有助於麵團發酵。

14 麵團約發酵 50 ～ 60 分鐘，至原先體積的 2 倍大。

15 手指沾高筋麵粉，戳入麵團，呈不回彈的狀態，完成麵團基礎發酵。

分割滾圓、中間發酵

16 將麵團分成三份。

17 將麵團滾圓以幫助排氣，完成後才能進行下一步驟。

　　❀ 判斷的狀態為，手壓麵團時，帶有些許彈性的緊度。

18 麵團須鬆弛 30 分鐘，可在上方覆蓋塑膠袋，以讓麵團保濕。

　　❀ 適度的鬆弛有利於後續的捲擀。

19 適度鬆弛後，取一份麵團。

20 取擀麵棍，將麵團上下擀開後，翻面。

21 將麵團由上往下捲起。

22 重複步驟 20-21，依序完成其他麵團捲擀，此動作為第一次捲擀。

23 取一份完成第一次捲擀的麵團，並轉 90 度的方向。

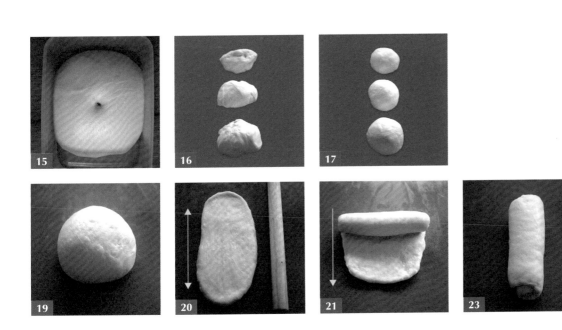

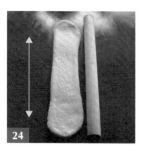

24 使用擀麵棍將麵團上下擀長，約擀麵棍的長度。

25 翻面，再將麵團由上往下捲起。

26 重複步驟 23-25，依序完成其他麵團捲擀，此動作為第二次捲擀。

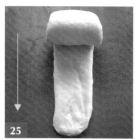

最後發酵

27 將麵團放入吐司模中，在溫度 35℃，濕度 85% 的環境中，進行最後發酵。

◈ 若沒有發酵箱，可參考步驟 13，用烤箱進行發酵。

28 將麵團發酵至吐司模 8 分滿，時間約 50 ～ 60 分鐘。

◈ 發酵時間為參考值，以麵團實際的發酵狀態為主。

29 判斷吐司模 8 分滿的方式為，大拇指第一指節扣住吐司模邊緣，可碰到吐司，即完成吐司最後發酵。

烘烤

30 放入烤箱，以上火 180℃、下火 200℃，烘烤 30 分鐘後，再使用隔熱手套將吐司模從烤箱裡取出。

31 將吐司模從 20 ～ 30 公分的高處放下，以敲出水氣，就能馬上脫模，待放涼後切片，即可享用。

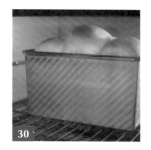

黑海鹽優格吐司
Black Sea Salt Bread

INGREDIENTS 使用材料

中種麵團	① 高筋麵粉 a	175 克
	② 速發酵母 a	2 克
	③ 清水 a	100 克
主麵團	④ 高筋麵粉 b	75 克
	⑤ 上白糖	25 克

⑥ 速發酵母 b	1 克
⑦ 無糖希臘優格	50 克
⑧ 黑海鹽	4 克
⑨ 清水 b	30 克
⑩ 無鹽奶油（室溫軟化）	25 克

前置作業

01 將無鹽奶油靜置室溫軟化,備用。

02 準備一個 12 兩的帶蓋吐司模,此製作為長方形帶蓋吐司。

03 在吐司發酵至 5 分滿時,預熱烤箱至上、下火 200℃。

隔夜中種麵團製作

04 取攪拌缸,倒入高筋麵粉 a、速發酵母 a、清水 a,攪拌至成團,為中種麵團。

05 因為中種麵團本身偏乾,所以表面仍是粗糙的狀態,須放置室溫 30 分鐘後,再放進冷藏 12 ~ 15 小時。

06 中種麵團發酵至視覺的 3 ~ 4 倍大,用手指一壓,充滿氣體,表面有坍塌感,氣味是麵團的麵香,沒有任何酒精味或酸味,完成隔夜中種麵團製作。

❀ 在夏天時,可直接從冰箱取出隔夜中種麵團使用,可避免麵團終溫過高;在冬天時,可放置室內回溫 30 分鐘,避免麵團終溫過低。

主麵團製作

07 取攪拌缸,倒入高筋麵粉 b、隔夜中種麵團、上白糖、速發酵母 b、無糖希臘優格、黑海鹽、清水。

08 以桌上型攪拌機慢速攪拌成團,再轉中速攪打至麵團可拉長,麵團與攪拌缸有拍缸聲。

❀ 拍缸聲為麵團可拉長,開始產生筋性狀態。

09 當麵團的狀態可拉長,並開始產生筋性狀態時,加入室溫軟化的無鹽奶油。

10 以慢速攪拌至無鹽奶油被麵團吸收,再轉中速甩打麵團,直至麵團帶有彈性,外觀光滑,用手可撐出強韌的薄膜。

11 薄膜的裂口呈直線狀態,為麵團在完全階段,終溫為不超過 26℃。

❀ 終溫為麵團攪拌的溫度。

04

06

07

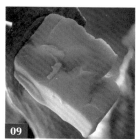
09

基礎發酵

12 將麵團放入容器中，在溫度 28℃，濕度 75% 的環境中，進行基礎發酵。

13 若家中無發酵箱，可以使用烤箱幫助發酵，將烤箱的電源打開後，放入溫度計，當溫度到達 28℃時，立刻關掉電源，此時可將麵團放入烤箱，旁邊放一碗熱水。

❀ 熱水可增加環境裡的濕度，有助於麵團發酵。

14 麵團約發酵 30 分鐘，至原先體積的 2 倍大。

15 手指沾高筋麵粉，戳入麵團，呈不回彈的狀態，完成麵團基礎發酵。

分割滾圓、中間發酵

16 將麵團分成三份。

17 將麵團滾圓以幫助排氣，完成後才能進行下一步驟。

❀ 判斷的狀態為，手壓麵團時，帶有些許彈性的緊度。

18 麵團須鬆弛 20 分鐘，可在上方覆蓋塑膠袋，以讓麵團保濕。

❀ 適度的鬆弛有利於後續的捲擀。

19 適度鬆弛後，取一份麵團。

20 取擀麵棍，將麵團上下擀開後，翻面。

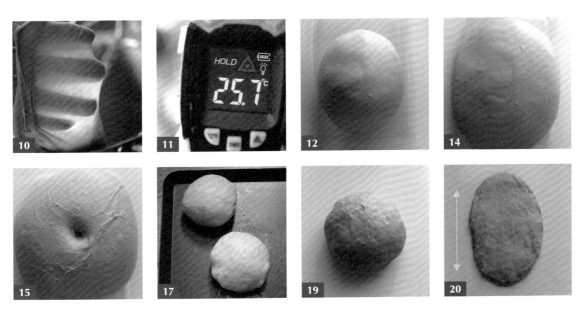

21 將麵團由上往下捲起。

22 重複步驟 20-21，依序完成其他麵團捲擀，此動作為第一次捲擀。

23 取一份完成第一次捲擀的麵團，並轉 90 度的方向。

24 使用擀麵棍將麵團上下擀長。

25 翻面，再將麵團由上往下捲起。

26 重複步驟 23-25，依序完成其他麵團捲擀，此動作為第二次捲擀。

最後發酵

27 將麵團放入吐司模中，在溫度 35℃，濕度 85% 的環境中，進行最後發酵。

❀ 若沒有發酵箱，可參考步驟 13，用烤箱進行發酵。

28 將麵團發酵至吐司模 8 分滿，時間約 50 ～ 60 分鐘。

❀ 發酵時間為參考值，以麵團實際的發酵狀態為主。

29 判斷吐司模 8 分滿的方式為，大拇指第一指節扣住吐司模邊緣，可碰到吐司，即完成吐司最後發酵。

烘烤

30 蓋上吐司頂蓋，放入烤箱，以上、下火 200℃，烘烤 28 ～ 30 分鐘後，再使用隔熱手套將吐司模從烤箱裡取出。

31 將吐司模從 20 ～ 30 公分的高處放下，以敲出水氣，就能馬上脫模，放涼後切片，即可享用。

毛線球手撕包
Wool Roll Bread

INGREDIENTS 使用材料

① 高筋麵粉 —————————— 180 克
② 低筋麵粉 —————————— 20 克
③ 速發酵母 —————————— 2 克
④ 無糖希臘優格 ———————— 30 克
⑤ 煉乳 ——————————————— 25 克
⑥ 細砂糖 —————————————— 15 克

⑦ 清水 ———————————— 90 ～ 100 克
⑧ 食鹽 ————————————————— 3 克
⑨ 無鹽奶油 a（室溫軟化）—— 20 克
⑩ 無鹽奶油 b ———————————— 適量

內餡　⑪ 巧克力豆 ———————— 60 克

STEP BY STEP 步驟說明

前置作業

01 準備一個六吋圓形烤模（戚風圓模）。

02 將無鹽奶油 a、b 靜置室溫軟化，備用。

　　⊛ 軟化的狀態為手壓在無鹽奶油上，會出現凹痕。

03 預熱烤箱至上火 180℃、下火 190℃。

主麵團製作

04 取攪拌缸，倒入高筋麵粉、低筋麵粉、速發酵母、無糖希臘優格、煉乳、細砂糖、清水、食鹽。

　　⊛ 因各廠牌麵粉的吸水性不同，所以水量可以事先保留 20 ～ 30 克，觀察麵團的狀態再決定是否要加入。

05 以桌上型攪拌機慢速攪拌成團，再轉中速攪打至麵團可拉長，麵團與攪拌缸有拍缸聲。

　　⊛ 拍缸聲為麵團可拉長，開始產生筋性狀態。

06 當麵團的狀態可拉長，並開始產生筋性狀態時，加入室溫軟化的無鹽奶油 a。

07 以慢速攪拌至無鹽奶油 a 被麵團吸收，再轉中速甩打麵團，直至麵團帶有彈性，外觀光滑，用手可撐出強韌的薄膜。

08 薄膜的裂口呈些許鋸齒狀態，麵團在完全階段，終溫為不超過 26℃。

　　⊛ 終溫為麵團攪拌的溫度。

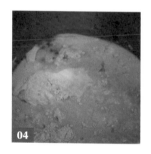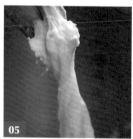

基礎發酵

09 將麵團放入容器中,在溫度 28℃,濕度 75% 的環境中,進行基礎發酵。

10 若家中無發酵箱,可以使用烤箱幫助發酵,將烤箱的電源打開後,放入溫度計,當溫度到達 28℃時,立刻關掉電源,此時可將麵團放入烤箱,旁邊放一碗熱水。
　❀ 熱水可增加環境裡的濕度,有助於麵團發酵。

11 麵團約發酵 50 ～ 60 分鐘,至原先體積的 2 倍大。

12 手指沾高筋麵粉,戳入麵團,呈不回彈的狀態,完成麵團基礎發酵。

分割整形、中間發酵

13 將麵團平均分成 3 份。

14 在麵團進行鬆弛(中間發酵)的過程中,可在上方覆蓋塑膠袋,以讓麵團保濕。

15 鬆弛 20 分鐘後,在烤模底部鋪上烤焙紙,並在烤模內側抹上無鹽奶油 b,開始整型。

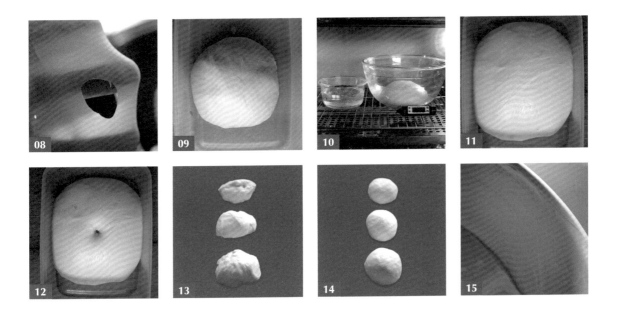

16 充分鬆弛後，取一份麵團，用擀麵棍擀長約 20 公分。

17 取刮板，在麵團一半處由下往上，依序切割成數條細線狀態。

18 在麵團中間處放入 20 克巧克力豆。

19 先將麵團左右兩側往內摺（圖示 ❶），再順勢拿起下方的麵團，往上捲起（圖示 ❷）。

20 重複步驟 16-19，依序完成其它麵團的製作。

最後發酵、烘烤

21 將麵團放入烤模，在溫度 35℃，濕度 85% 的環境中，進行最後發酵。
   ❀ 若沒有發酵箱，可參考步驟 10，用烤箱進行發酵。

22 將麵團發酵至烤模 8 ～ 9 分滿，約至原先體積 2 倍大，時間約 45 分鐘。
   ❀ 發酵時間為參考值，以麵團實際的發酵狀態為主。

23 放入烤箱，以上火 180℃、下火 190℃，烘烤 23 分鐘，使用隔熱手套將手撕包從烤箱裡取出後，由 20 ～ 30 公分高處放下，以敲出水氣，即可脫模，放涼即可享用。

TIPS

內餡可依個人喜好包入自己喜愛的食材，甜、鹹均可。

鮮奶小餐包
Dinner Milk Rolls

INGREDIENTS 使用材料

① 高筋麵粉	180 克	
② 低筋麵粉	20 克	
③ 速發酵母	2 克	
④ 細砂糖	30 克	
⑤ 全蛋（去殼）	30 克	

⑥ 食鹽	3 克	
⑦ 煉乳	15 克	
⑧ 鮮奶	120 克	
⑨ 無鹽奶油 a（室溫軟化）	20 克	
⑩ 無鹽奶油 b	適量	

前置作業

01 將無鹽奶油 a 靜置室溫軟化，備用。

02 準備 22×22 公分的烤模。

03 預熱烤箱至上火 170℃、下火 190℃。

04 將無鹽奶油 b 隔水加熱至融化，備用。

　　✿ 該步驟為最後塗在小餐包表面，以增加風味，因此可依個人喜好決定是否塗抹。

主麵團製作

05 取攪拌缸，倒入高筋麵粉、低筋麵粉、速發酵母、細砂糖、全蛋、食鹽、煉乳、鮮奶。

　　✿ 因各廠牌麵粉的吸水性不同，所以鮮奶可以事先保留 20～30 克，觀察麵團的狀態再決
　　　定是否要加入。

06 以桌上型攪拌機慢速攪拌成團後，再轉中速攪打至麵團可拉長，麵團與攪拌缸有拍
　　缸聲。

　　✿ 拍缸聲為麵團可拉長，開始產生筋性狀態。

07 當麵團的狀態可拉長，並開始產生筋性狀態時，加入室溫軟化的無鹽奶油 a。

08 以慢速攪拌至無鹽奶油 a 被麵團吸收，再轉中速甩打麵團，直至麵團帶有彈性，外
　　觀光滑，用手可撐出強韌的薄膜。

09 薄膜的裂口呈鋸齒狀態，麵團在完全階段，終溫為不超過 26℃。

　　✿ 終溫為麵團攪拌的溫度。

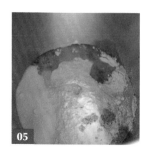 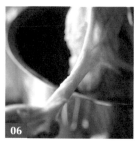 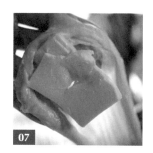 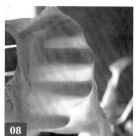

基礎發酵

10　將麵團放入容器中，在溫度 28℃，濕度 75% 的環境中，進行基礎發酵。

11　若家中無發酵箱，可以使用烤箱幫助發酵，將烤箱的電源打開後，放入溫度計，當溫度到達 28℃時，立刻關掉電源，此時可將麵團放入烤箱，旁邊放一碗熱水。
　　❀ 熱水可增加環境裡的濕度，有助於麵團發酵。

12　麵團約發酵 50 ~ 60 分鐘，至原先體積的 2 倍大。

13　手指沾高筋麵粉，戳入麵團，呈不回彈的狀態，完成麵團基礎發酵。

分割整形、中間發酵

14　將麵團平均分成 12 份。

15　在麵團進行鬆弛（中間發酵）的過程中，，可在上方覆蓋塑膠袋，以讓麵團保濕。

16　鬆弛 15 分鐘後，開始整形，取一份麵團，將光滑面朝上。

17　先用手壓扁麵團。

18　再將麵團翻面。

19　將麵團的上、下、左、右，四邊都往中心點收摺。

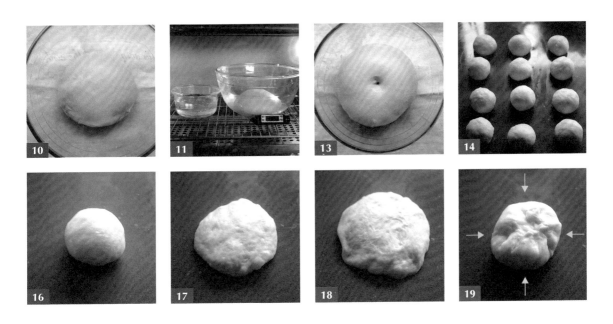

20 將麵團翻轉過來，光滑面朝上，並將麵團滾圓，

21 重複步驟 17-20，依序將其他麵團全部滾圓。

最後發酵、烘烤

22 在烤模上平鋪烘焙紙。

23 將麵團放入烤模內。

24 在溫度 35℃，濕度 85% 的環境中，進行最後發酵。

　　 ❀ 若沒有發酵箱，可參考步驟 11，用烤箱進行發酵。

25 將麵團發酵至原先體積的 2 倍大。

26 放入烤箱，以上火 170℃、下火 190℃，烘烤 22 分鐘。

　　 ❀ 該步驟為麵包無空隙的烘烤時間；若麵包間不相連，且分開擺放，因有空間導熱，所以
　　　　烘烤時間只須 12 分鐘。

27 使用隔熱手套將小餐包從烤箱裡取出，並立即塗上融化的無鹽奶油 b，以增加風味。

　　 ❀ 可依個人喜好選擇是否塗抹融化的無鹽奶油 b。

優格鹹奶油餐包
Yogurt Dinner Rolls

INGREDIENTS 使用材料

① 高筋麵粉 ┈┈┈┈┈┈┈ 450 克
② 低筋麵粉 ┈┈┈┈┈┈┈ 50 克
③ 速發酵母 ┈┈┈┈┈┈┈ 5 克
④ 細砂糖 ┈┈┈┈┈┈┈┈ 50 克
⑤ 無糖希臘優格 ┈┈┈┈ 100 克
⑥ 鮮奶 ┈┈┈┈┈┈┈┈┈ 100 克
⑦ 清水 ┈┈┈┈┈┈┈┈┈ 150 克
⑧ 食鹽 ┈┈┈┈┈┈┈┈┈ 8 克
⑨ 無鹽奶油 a（室溫軟化）┈┈ 25 克
⑩ 無鹽奶油 b ┈┈┈┈┈┈ 適量

內餡 ⑪ 有鹽奶油 ┈┈┈┈┈ 75 克

STEP BY STEP 步驟說明

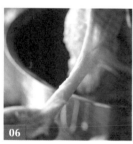

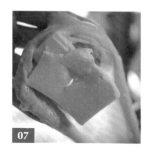

前置作業

01 將無鹽奶油 a 靜置室溫軟化，備用。

02 預熱烤箱至上火 170℃、下火 190℃。

03 準備 34×24×6 公分的烤模。

04 將無鹽奶油 b 隔水加熱至融化，備用。

❀ 該步驟為最後塗在小餐包表面，以增加風味，因此可依個人喜好決定是否塗抹。

攪拌

05 取攪拌缸，倒入高筋麵粉、低筋麵粉、速發酵母、細砂糖、無糖希臘優格、鮮奶、清水、食鹽。

❀ 因各廠牌麵粉吸水性不同，加上選用的希臘優格品牌不一定相同，所以濃稠的狀態會有所差異，因此水量可以事先保留 10～30 克，觀察麵團的狀態是否再加入，須注意若麵團太濕軟，則整形較不易。

06 以桌上型攪拌機慢速攪拌成團後，再轉中速攪打至麵團可拉長，麵團與攪拌缸有拍缸聲。

※ 拍缸聲為麵團可拉長，開始產生筋性狀態。

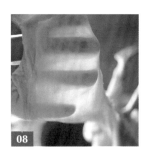

07 當麵團的狀態可拉長，並開始產生筋性狀態時，加入室溫軟化的無鹽奶油 a。

08 以慢速攪拌至無鹽奶油 a 被麵團吸收，再轉中速甩打麵團，直至麵團帶有彈性，外觀光滑，用手可撐出強韌的薄膜。

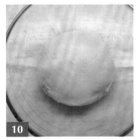

09 薄膜的裂口呈鋸齒狀態，麵團在完全階段，終溫為不超過 26℃。

※ 終溫為麵團攪拌的溫度。

基礎發酵

10 將麵團放入容器中，在溫度 28℃，濕度 75% 的環境中，進行基礎發酵。

11 若家中無發酵箱，可以使用烤箱幫助發酵，將烤箱的電源打開後，放入溫度計，當溫度到達 28℃時，立刻關掉電源，此時可將麵團放入烤箱，旁邊放一碗熱水。

※ 熱水可增加環境裡的濕度，有助於麵團發酵。

12 麵團約發酵 50 ～ 60 分鐘，至原先體積的 2 倍大。

13 手指沾高筋麵粉，戳入麵團，呈不回彈的狀態，完成麵團基礎發酵。

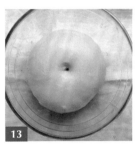

分割整形、中間發酵

14 將麵團平均分成 15 份。

15 在麵團進行鬆弛（中間發酵）的過程中，可在上方覆蓋塑膠袋，以讓麵團保濕。

16 鬆弛 15 分鐘後，開始整形，取一份麵團，將光滑面朝上。

17 用手搓揉麵團的右側，使右側呈細條狀、左側呈圓球狀，搓成水滴狀後即可。
※ 旁邊可擺放刮板輔助測量，讓每一顆麵團的長度相似。

18 重複步驟 16-17，依序完成其它的麵團。

19 取擀麵棍，將麵團擀長，在寬的一端放入 5 克的有鹽奶油。
※ 旁邊可擺放擀麵棍輔助測量，讓每一顆麵團的長度相似。

20 從寬的一端，將麵團由上往下捲起，呈現牛角的形狀。

21 重複步驟 19-20，依序將麵團包入內餡並依序捲好後，放入烤模內。

最後發酵、烘烤

22 在溫度 35℃，濕度 85% 的環境中，進行最後發酵。
※ 若沒有發酵箱，可參考步驟 11，用烤箱進行發酵。

23 將麵團發酵至原先體積的 2 倍大。

24 放入烤箱，以上火 170℃、下火 190℃，烘烤 23 ～ 24 分鐘。
※ 該步驟為麵包無空隙的烘烤時間，若麵包間不相連，分開擺放，因有空間導熱，所以烘烤時間只須 13 ～ 15 分鐘。

25 使用隔熱手套將奶油餐包從烤箱裡取出，並立即塗上融化的無鹽奶油 b，以增加風味。
※ 可依個人喜好選擇是否塗抹融化的無鹽奶油 b。

紫薯肉鬆貝果

Bagel with Pork Floss & Purple Sweet Potato

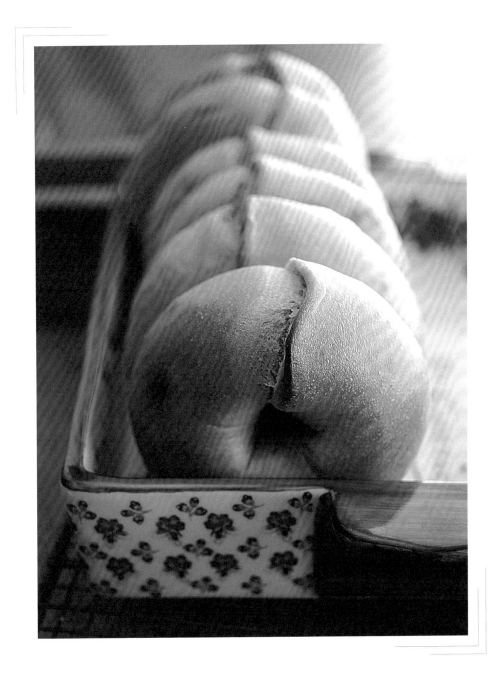

① 高筋麵粉 .... 300 克
② 速發酵母 .... 3 克
③ 細砂糖 a .... 20 克
④ 紫薯粉 .... 10 克
⑤ 紫薯 b（蒸熟）........................... 50 克
⑥ 食鹽 .... 4 克
⑦ 清水 a .... 185 克
⑧ 無鹽奶油 a（室溫軟化）............... 20 克

紫薯內餡
⑨ 紫薯 a（蒸熟）......................... 250 克
⑩ 細砂糖 b .... 25 克
⑪ 無鹽奶油 b .... 25 克

內餡
⑫ 紫薯內餡（如上製作）............... 300 克
⑬ 肉鬆 .... 6 大匙

⑭ 鹹蛋黃（壓碎）......................... 6 顆

糖水
⑮ 清水 b .... 1000 克
⑯ 黃細砂糖 .... 80 克
⑰ 蜂蜜 .... 20 克

前置作業

01 將無鹽奶油 a 靜置室溫軟化，備用；紫薯 a、b 蒸熟。

02 預熱烤箱至上、下火 200℃。

03 將鹹蛋黃放入小烤箱，以 180℃烘烤約 6 分鐘，直至有香氣，表面出現白色小泡泡後，即可出爐，並分別將鹹蛋黃壓碎，備用。

紫薯內餡製作

04 取蒸熟紫薯 a，再加入細砂糖 b、無鹽奶油 b，拌勻，約製成 300 克的紫薯內餡，備用。

05 建議拌至成團的狀態，麵包在烘烤後才不會太乾，若無法成團，可加少量的鮮奶拌至成團，須注意麵團狀態不能過濕，否則內餡會爆開。

☸ 細砂糖與無鹽奶油的量可依個人喜好自行調整。

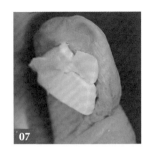

主麵團製作、基礎發酵

06 取攪拌缸，倒入高筋麵粉、速發酵母、細砂糖 a、紫薯粉、紫薯 b、食鹽、清水 a。

07 以桌上型攪拌機慢速先攪拌均勻，再轉中速攪打至麵團呈光滑狀態後，加入室溫軟化的無鹽奶油 a。

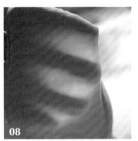

08 以慢速攪拌至無鹽奶油 a 被麵團吸收，再轉中速甩打麵團，直至麵團帶有彈性，外觀光滑，用手可撐出厚膜。

09 將麵團放入容器中，在溫度 28℃，濕度 75% 環境，進行基礎發酵 30 分鐘。

分割整形、中間及最後發酵

10 將麵團平均分成 6 份，每份約 98 克。

11 將麵團滾圓後，進行鬆弛（中間發酵）20 分鐘，可在上方覆蓋塑膠袋，以讓麵團保濕。

12 鬆弛完後，開始整形，取一份麵團和擀麵棍，將麵團上下擀開，呈較寬的長方形。

13 放入紫薯內餡 50 克、肉鬆 1 大匙、壓碎的鹹蛋黃 1 顆。

☸ 內餡與麵團外圍須預留些許距離，以讓麵團能包覆住內餡。

14　從麵團的較長邊捲起，並將麵團稍微搓長。

15　先將麵團的一端搓揉成較尖的形狀，另一端將麵團翻開，為杓狀，並取擀麵棍，將杓狀處擀平、擀寬。

16　將麵團較尖那端放在杓狀處。

17　承步驟 16，將兩端接合在一起，捏緊收口，呈空心的圓形。

18　重複步驟 12-17，依序將其它麵團整形成貝果形狀後，在溫度 35℃，濕度 85% 的環境中，最後發酵 30 分鐘。

　　❀ 發酵時間會影響成品的口感，若發酵時間越長，則口感越鬆軟；若發酵時間越短，則口感越有嚼勁；貝果整形可參考影片 QRcode。

19　發酵至原先體積的 1.5 倍大。

　　❀ 發酵時間僅供參考，須以實際的發酵狀態為主。

煮糖水、烘烤

20　在鍋中倒入清水 b、黃細砂糖、蜂蜜，將溫度加熱至約 80℃，為鍋內的水微翻騰，冒小泡泡的狀態時，放入發酵好的貝果。

　　❀ 每面各燙煮 30 秒，兩面共燙煮 1 分鐘。

21　將貝果撈起後，須馬上放進烤箱，以上、下火 200℃，烘烤 15 分鐘後出爐，使用隔熱手套將貝果從烤箱裡取出，放涼，即可享用。

　　❀ 烘烤的時間及溫度僅供參考，因為各家烤箱的品牌不同，所以須自行斟酌調整。

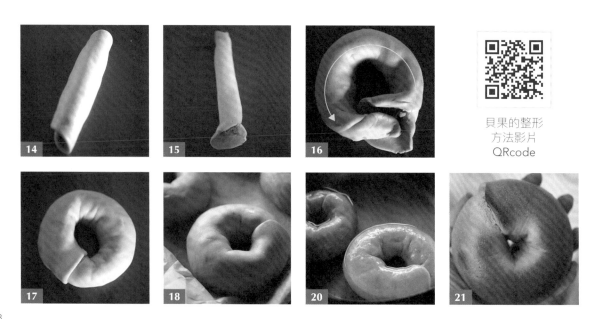

貝果的整形
方法影片
QRcode

全麥貝果
Wholemeal Bagel

INGREDIENTS 使用材料

液種麵團
① 高筋麵粉 a ——————— 50 克
② 速發酵母 a ——————— 0.5 克
③ 清水 a ——————————— 50 克

主麵團
④ 高筋麵粉 b ——————— 240 克
⑤ 全麥麵粉 ——————————— 60 克
⑥ 速發酵母 b ——————— 3 克
⑦ 蜂蜜 a ——————————— 10 克

⑧ 食鹽 ——————————————— 4 克
⑨ 清水 b ——————————— 150 克
⑩ 無鹽奶油 —————————— 10 克

糖水
⑪ 清水 c ——————————— 1000 克
⑫ 黃細砂糖 ———————————— 80 克
⑬ 蜂蜜 b ——————————— 20 克

前置作業

01 預熱烤箱至上、下火 220℃（須開風扇功能）。

液種麵團製作

02 將高筋麵粉 a、速發酵母 a、清水 a，放入可密封容器（保鮮盒）中。
✹ 製作這款貝果前一天須先製作液種麵團。

03 拌勻成團後蓋上盒蓋，放置室溫 1 小時，再送入冷藏靜置 15 小時。

04 直至液種麵團為容器的 2 ～ 3 倍高，原本鬆散的狀態形成網狀筋性，且內部充滿氣泡非常輕盈的狀態後，不用退冰，直接加入主麵團中使用。

主麵團製作、基礎發酵

05 取攪拌缸，倒入高筋麵粉 b、全麥麵粉、液種麵團、速發酵母 b、蜂蜜 a、食鹽、清水 b、無鹽奶油。
✹ 因麵團總水量低，所以無鹽奶油須與食材一起攪打。

06 以桌上型攪拌機慢速先攪拌均勻後，再轉中速攪打至麵團帶有彈性，外觀光滑，用手可撐出厚膜。

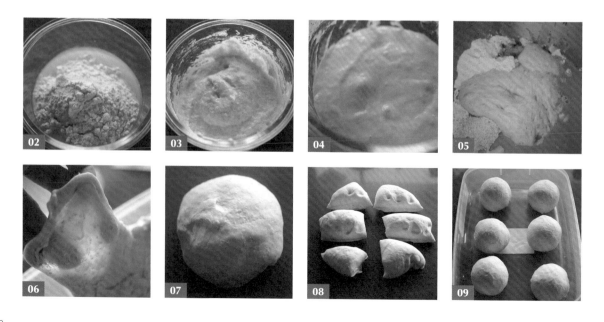

07 將麵團放入容器中，在溫度 26℃，濕度 75% 環境，進行基礎發酵 30 分鐘。

分割整形、中間及最後發酵

08 將麵團平均分成 6 份，每份約 90 克。

09 將麵團滾圓後，進行鬆弛（中間發酵）20 分鐘，可在上方覆蓋塑膠袋，以讓麵團保濕。

10 鬆弛完後，開始整形，取一份麵團。

11 取擀麵棍，將麵團上下擀開，呈較寬的長方形。

12 從麵團的較長處，由上往下捲起，並將麵團稍微搓長。

13 先將麵團的一端搓揉成較尖的形狀；另一端則把麵團翻開，為杓狀。

14 用擀麵棍將杓狀處擀平、擀寬。

15 將麵團較尖那端放在杓狀處，並接合在一起。

16 捏緊收口，呈空心的圓形。

17 重複步驟 10-16，依序將其它麵團整形成貝果形狀。

❀ 貝果整形可參考影片 QRcode。

貝果的整形
方法影片
QRcode

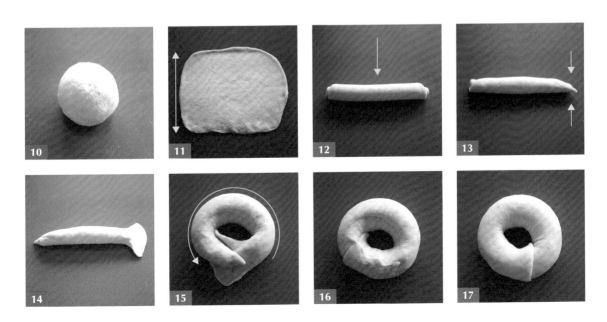

18 在溫度 35℃，濕度 85% 的環境中，最後發酵 30 分鐘。

　※ 發酵時間會影響成品的口感，若發酵時間越長，則口感越鬆軟；若發酵時間越短，則口
　感越有嚼勁。

19 發酵至原先體積的 1.5 倍大。

　※ 發酵時間僅供參考，須以實際的發酵狀態為主。

煮糖水、烘烤

20 在鍋中倒入清水 c、黃細砂糖、蜂蜜，將溫度加熱至約 80℃，為鍋內的水微翻騰，
冒小泡泡的狀態時，放入發酵好的貝果。

　※ 每面各燙煮 30 秒，兩面共燙煮 1 分鐘。

21 將貝果撈起後，須馬上放進烤箱，開啟風扇功能，以上、下火 220℃，烘烤 13 分鐘，
直至貝果上色，在輕彈表面有清脆聲時，使用隔熱手套將貝果從烤箱裡取出，放涼，
即可享用。

　※ 若烤箱無風扇功能，可調整為上火 220℃、下火 200℃，烘烤 13 分鐘。

TIPS

◆ 烘烤的時間及溫度僅供參考，因為各家烤箱的品牌不同，所以須自行斟酌調整。

◆ 一般在烤麵包時，除了帶蓋吐司外，並不建議開啟風扇功能，尤其是大體積的麵包。而
在烘烤此款貝果時，透過開啟風扇功能，烤箱溫度會升高 10℃ ～ 20℃，利用短時間的
高溫，使貝果受熱膨脹，外皮呈現薄且有脆度、內部柔軟，之後因出爐後遇到溫差，導
致貝果產生裂紋。

◆ 貝果產生裂紋的原因，詳細說明請參考 P.160。

伯爵茶蔓越莓乳酪貝果

Earl Grey Tea Bagel with Cranberry & Cream Cheese

INGREDIENTS 使用材料

① 高筋麵粉	300 克	
② 速發酵母	3 克	
③ 食鹽	4 克	
④ 伯爵茶粉	4 克	
⑤ 蜂蜜 a	15 克	
⑥ 清水 a	160 克	
⑦ 無鹽奶油	10 克	

	⑧ 清水 b	適量
內餡	⑨ 蔓越莓果乾	60 克
	⑩ 奶油乳酪抹醬	120 克
	⑪ 糖粉	15 克
糖水	⑫ 清水 c	1000 克
	⑬ 黃細砂糖	80 克
	⑭ 蜂蜜 b	20 克

前置作業

01 預熱烤箱至上、下火 220℃（須開風扇功能）。

02 在一容器中倒入清水 b、蔓越莓果乾，至少泡 30 分鐘，該步驟能讓果乾吸飽水分，及能稀釋甜度。

❀ 可用萊姆酒代替清水，但泡的時間須拉長，可泡一晚，以增添酒香氣。

03 將泡好的蔓越莓果乾取出，並放在廚房紙巾上，備用。

主麵團製作、基礎發酵

04 取攪拌缸，倒入高筋麵粉、速發酵母、食鹽、伯爵茶粉、蜂蜜 a、清水 a、無鹽奶油，攪打至麵團呈光滑狀態。

❀ 因麵團總水量低，所以無鹽奶油須與食材一起攪打。

05 以桌上型攪拌機慢速先攪拌均勻後，再轉中速攪打至麵團帶有彈性，外觀光滑，用手可撐出厚膜。

06 厚膜的裂口呈不規則狀態。

07 將麵團放入容器中，在溫度 26℃，濕度 75% 環境，進行基礎發酵 30 分鐘。

分割整形、中間及最後發酵

08 將麵團平均分成 6 份，每份約 90 克。

09 將麵團滾圓後，進行鬆弛（中間發酵）20 分鐘，可在上方覆蓋塑膠袋，以讓麵團保濕。

10 同時開始製作內餡。在一容器中，倒入奶油乳酪抹醬、糖粉，拌勻，並放入擠花袋
    （或三明治袋）中，為奶油乳酪醬，備用。

11 鬆弛完後，開始整形，取一份麵團和擀麵棍，將麵團上下擀開，呈較寬的長方形。

12 將擠花袋的尖端剪一小開口，擠出約 20 克的奶油乳酪醬後，放上 10 克的蔓越莓果乾。

13 從麵團的較長處，由上往下捲起，並將麵團稍微搓長，先把麵團的
    一端搓揉成較尖的形狀；另一端則把麵團翻開，為杓狀。

14 用擀麵棍將杓狀處擀平、擀寬後，將兩端接合在一起，捏緊收口，
    呈空心的圓形。

15 重複步驟 11-14，依序將其它麵團整形成貝果形狀。

    ❀ 貝果整形可參考影片 QRcode。

貝果的整形
方法影片
QRcode

16 在溫度 35℃，濕度 85% 的環境中，最後發酵 30 分鐘。

❀ 發酵時間會影響成品的口感，若發酵時間越長，則口感越鬆軟；若發酵時間越短，則口感越有嚼勁。

17 發酵至原先體積的 1.5 倍大。

❀ 發酵時間僅供參考，須以實際的發酵狀態為主。

煮糖水、烘烤

18 在鍋中倒入清水 c、黃細砂糖、蜂蜜 b，將溫度加熱至約 80℃，為鍋內的水微翻騰、冒小泡泡的狀態時，放入發酵好的貝果。

19 燙煮 30 秒後，用勺子將貝果翻面，讓兩面都被燙煮。

❀ 每面各燙煮 30 秒，兩面共燙煮 1 分鐘。

20 將貝果撈起後，須馬上放進烤箱，開啟風扇功能，以上、下火 220℃，烘烤 13 分鐘，直至貝果上色，在輕彈表面有清脆聲時，使用隔熱手套將貝果從烤箱裡取出，放涼，即可享用。

❀ 若烤箱無風扇功能，可調整為上火 220℃、下火 200℃，烘烤 13 分鐘。

16

18

19

20

TIPS

◆ 烘烤的時間及溫度僅供參考，因為各家烤箱的品牌不同，所以須自行斟酌調整。

◆ 一般在烤麵包時，除了帶蓋吐司外，並不建議開啟風扇功能，尤其是大體積的麵包。而在烘烤此款貝果時，透過開啟風扇功能，烤箱溫度會升高 10℃～20℃，利用短時間的高溫，使貝果受熱膨脹，外皮呈現薄且有脆度、內部柔軟，之後因出爐後遇到溫差，導致貝果產生裂紋。

◆ 貝果產生裂紋的原因，詳細說明請參考 P.160。

咖啡無花果乾酪貝果
Coffee Bagel with Fig & Cream Cheese

INGREDIENTS 使用材料

液種麵團			內餡		
	① 高筋麵粉 a	50 克		⑩ 食鹽	4 克
	② 速發酵母 a	0.5 克		⑪ 無鹽奶油	10 克
	③ 清水 a	50 克		⑫ 清水 b	90 克
主麵團	④ 即溶咖啡粉	13 克		⑬ 奶油乳酪抹醬	120 克
	⑤ 滾水	50 克		⑭ 糖粉	15 克
	⑥ 高筋麵粉 b	300 克		⑮ 無花果乾	140 克
	⑦ 奇亞籽（黑白不拘）	20 克	糖水	⑯ 清水 c	1000 克
	⑧ 速發酵母 b	3 克		⑰ 黃細砂糖	80 克
	⑨ 蜂蜜 a	15 克		⑱ 蜂蜜 b	20 克

前置作業

01 預熱烤箱至上、下火 220℃（須開風扇功能）。

02 在一容器中倒入即溶咖啡粉、滾水，攪拌至咖啡粉消散，為咖啡液，備用。

03 將無花果乾用食物剪刀剪成小塊。

❀ 因為無花果乾含水量高，所以可以直接使用，另可依個人喜好決定是否泡萊姆酒以增加酒香氣。

液種麵團製作

04 將高筋麵粉 a、速發酵母 a、清水 a，放入可密封容器（保鮮盒）中。

❀ 製作貝果前一天須先製作液種麵團。

05 拌勻成團後蓋上盒蓋，放置室溫 1 小時，再送入冷藏靜置 15 小時。

06 直至液種麵團為容器的 2 ～ 3 倍高，原本鬆散的狀態形成網狀筋性，且內部充滿氣泡非常輕盈的狀態後，不用退冰，直接加入主麵團中使用。

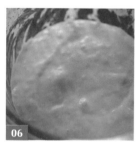

主麵團攪拌、發酵

07 取攪拌缸，倒入咖啡液、高筋麵粉 b、奇亞籽、液種麵團、速發酵母 b、蜂蜜 a、食鹽、無鹽奶油、清水 b。

❀ 因麵團總水量低，所以無鹽奶油須與食材一起攪打。

08 以桌上型攪拌機慢速先攪拌均勻後，再轉中速攪打至麵團帶有彈性，外觀光滑，用手可撐出厚膜。

09 將麵團放入容器中，在溫度 26℃，濕度 75% 環境，進行基礎發酵 30 分鐘。

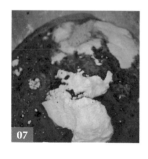

分割整形、中間及最後發酵

10　將麵團平均分成 7 份，每份約 80 ～ 85 克。

11　將麵團滾圓後，進行鬆弛（中間發酵）20 分鐘，可在上方覆蓋塑膠袋，以讓麵團保濕。

12　同時開始製作內餡。在一容器中，倒入奶油乳酪抹醬、糖粉，拌勻後，放入擠花袋（或三明治袋）中，為奶油乳酪醬，備用。

13　充分鬆弛完後，開始整形，取一份麵團和擀麵棍，將麵團上下擀開，呈較寬的長方形。

14　將擠花袋的尖端剪一小開口，擠出約 20 克的奶油乳酪醬後，放上 20 克的果乾。

15　從麵團的較長處，由上往下捲起，並將麵團稍微搓長，先把一端的麵團搓揉成較尖的形狀；另一端則把麵團翻開，為杓狀。

16　用擀麵棍將杓狀處擀平、擀寬後，將兩端接合在一起，捏緊收口，呈空心的圓形。

17　重複步驟 13-16，依序將其它麵團整形成貝果形狀。

　　◉ 貝果整形可參考影片 QRcode。

18　在溫度 35℃，濕度 85% 的環境中，最後發酵 30 分鐘。

　　◉ 發酵時間會影響成品的口感，若發酵時間越長，則口感越鬆軟；若發酵時間越短，則口感越有嚼勁。

19 發酵至原先體積的 1.5 倍大。

　※ 發酵時間僅供參考，須以實際的發酵狀態為主。

煮糖水、烘烤

20 在鍋中倒入清水 c、黃細砂糖、蜂蜜 b，將溫度加熱至約 80℃，為鍋內的水微翻騰，冒小泡泡的狀態時，放入發酵好的貝果。

　※ 每面各燙煮 30 秒，兩面共燙煮 1 分鐘。

21 將貝果撈起後，須馬上放進烤箱，開啟風扇功能，以上、下火 220℃，烘烤 13 分鐘，直至貝果上色，在輕彈表面有清脆聲時，使用隔熱手套將貝果從烤箱裡取出，放涼，即可享用。

　※ 若烤箱無風扇功能，可調整為上火 220℃、下火 200℃，烘烤 13 分鐘。

貝果的整形
方法影片
QRcode

TIPS

◆ 烘烤的時間及溫度僅供參考，因為各家烤箱的品牌不同，所以須自行斟酌調整。

◆ 一般在烤麵包時，除了帶蓋吐司外，並不建議開啟風扇功能，尤其是大體積的麵包。而在烘烤此款貝果時，透過開啟風扇功能，烤箱溫度會升高 10℃ ～ 20℃，利用短時間的高溫，使貝果受熱膨脹，外皮呈現薄且有脆度、內部柔軟，之後因出爐後遇到溫差，導致貝果產生裂紋。

◆ 以下整理出 5 點為貝果產生裂紋的原因：
　⇒ 食譜比例（例如：無鹽奶油、糖量、水量）。
　⇒ 判斷發酵狀態，會影響入爐膨脹性而影響裂紋是否產生。
　⇒ 在燙煮貝果後，使貝果表面糊化再高溫烘烤，跟烤箱噴蒸氣的道理相似。
　⇒ 利用短時間高溫烘烤，會讓糊化的表面，呈外部皮薄且有脆度、內部柔軟。
　⇒ 成品表皮若烤太厚，會有脆度但不會有裂紋；成品若不夠厚，則不會有脆度跟裂紋，但也
　　　一樣美味；成品若厚薄度剛好，則出爐後會有悅耳的裂紋聲，口感也會較輕盈、薄脆。

堅果果乾軟歐包

Country Bread

中種麵團	① 蜂蜜	1 大匙
	② 清水 a	120 克
	③ 高筋麵粉 a	210 克
	④ 速發酵母	3 克
	⑤ 黑糖 a	10 克
主麵團	⑥ 高筋麵粉 b	90 克
	⑦ 黑糖 b	20 克
	⑧ 奶粉	10 克
	⑨ 食鹽	5 克
	⑩ 清水 b	80 克
	⑪ 無鹽奶油（室溫軟化）	25 克
	⑫ 堅果	30 克
	⑬ 果乾	30 克

前置作業

01 將無鹽奶油靜置室溫軟化，備用。

02 預熱烤箱至上火 170℃、下火 200℃。

普通中種麵團製作

03 取一容器，倒入蜂蜜、清水 a，拌勻，為蜂蜜水。

04 取攪拌缸，倒入蜂蜜水、高筋麵粉 a、速發酵母、黑糖 a，攪拌至成團，為中種麵團。

05 因為中種麵團本身偏乾，所以表面仍是粗糙的狀態，須放置 26℃的環境中，發酵 1.5 ～ 2 小時。

⊛ 時間僅供參考，須以中種麵團實際的發酵狀態為主。

06 中種麵團發酵至視覺的 3 ～ 4 倍大，用手指一壓，充滿氣體，表面有坍塌感，氣味是麵團的麵香，沒有任何酒精味或酸味，完成普通中種麵團製作。

主麵團攪拌

07 取攪拌缸，倒入中種麵團、高筋麵粉 b、黑糖 b、奶粉、食鹽、清水 b。

08 以桌上型攪拌機慢速攪拌成團後，再轉中速攪打至麵團可拉長，麵團與攪拌缸有拍缸聲。

❀ 拍缸聲為麵團可拉長，開始產生筋性狀態。

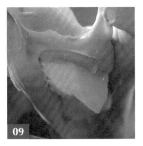

09 當麵團的狀態可拉長，並開始產生筋性狀態時，加入室溫軟化的無鹽奶油。

10 以慢速攪拌至無鹽奶油被麵團吸收，再轉中速甩打麵團，直至麵團帶有彈性，外觀光滑，用手可撐出強韌的薄膜。

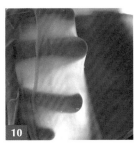

11 薄膜的裂口呈直線狀態，終溫為不超過 26℃，麵團在完全階段。

❀ 終溫為麵團攪拌的溫度。

基礎發酵

12 將麵團從攪拌缸取出，放置工作台上。

13 將麵團徒手壓平，並放入堅果、果乾，以反覆壓摺的方式，將堅果與果乾揉進麵團中。

14 經過徒手反覆壓摺後，將堅果、果乾平均加入麵團中。

15 將麵團放入容器中，在溫度 28℃，濕度 75％的環境中，進行基礎發酵。

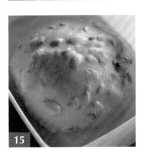

16　麵團約發酵 30 分鐘，至原先體積的 2 倍大。

分割整形、中間及最後發酵

17　將麵團平均分成 2 份。

18　鬆弛（中間發酵）20 分鐘，在麵團進行中間發酵的過程中，可在上方覆蓋塑膠袋，以讓麵團保濕。

19　充分發酵後，開始整形，取一份麵團和擀麵棍，將麵團上下擀開，呈較寬的長方形。

20　將麵團由上往下捲起，捏成長條狀。

21　重複步驟 19-20，將另一份麵團整形成橄欖球形後，放入墊有烘焙紙的容器（或發酵籐籃）。

22　在溫度 35℃，濕度 85% 的環境中，進行最後發酵。

23　約發酵 45 〜 60 分鐘，至原先體積的 2 倍大。

烘烤

24　從麵團的最長處畫一刀，但不切斷，可使麵包表面在受熱裂開時，裂口會較整齊。

25　放進烤箱，以上火 180℃、下火 200℃，烘烤 25 分鐘後，使用隔熱手套將軟歐包從烤箱裡取出，放涼，即可享用。

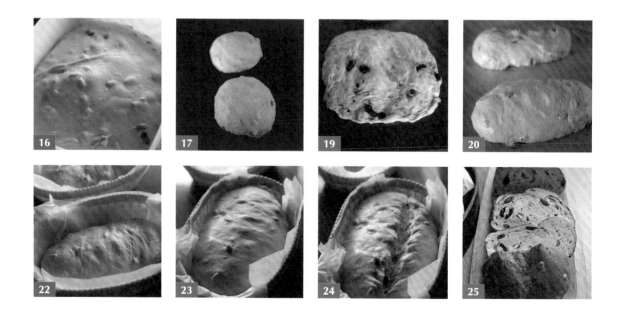

菠蘿麵包
Crispy Pineapple Buns

INGREDIENTS 使用材料

中種麵團				菠蘿皮			
	① 高筋麵粉 a	210 克			⑩ 無鹽奶油 a（室溫軟化）	30 克	
	② 清水 a	110 克			⑪ 無鹽奶油 b（室溫軟化）	65 克	
	③ 速發酵母	3 克			⑫ 糖粉	55 克	
主麵團	④ 高筋麵粉 b	90 克			⑬ 全蛋 b（去殼）	35 克	
	⑤ 細砂糖	45 克			⑭ 全脂奶粉	30 克	
	⑥ 全蛋 a（去殼）	30 克			⑮ 高筋麵粉 c	120 克	
	⑦ 動物性鮮奶油	30 克		其他	⑯ 蛋黃	2 顆	
	⑧ 清水 b	15 克			⑰ 手粉	適量	
	⑨ 食鹽	4 克					

前置作業

01 準備圓直徑 10 公分,高 2.5 公分的紙杯模。

02 將無鹽奶油 a、b 靜置室溫軟化,備用。

　※ 軟化的狀態為手指壓在無鹽奶油上,會留下壓紋。

03 將糖粉過篩,備用。

04 預熱烤箱至上火 190℃、下火 200℃。

05 將全蛋 b 放置室溫,並取一容器,打入全蛋 b,攪勻,為全蛋液 b。

　※ 全蛋液須放置室溫,並分次加入無鹽奶油中,才不會油水分離;油水分離為顆粒小球狀態,會影響口感。

菠蘿皮製作

06 取一容器,倒入室溫軟化的無鹽奶油 b。

07 加入過篩後的糖粉,拌勻。

08 分 2 ~ 3 次加入全蛋液 b,拌勻。

09 將糖粉、全蛋液 b 拌勻即可,無須打發,外觀會呈現均質的狀態。

10 加入全脂奶粉、高筋麵粉 c。

　※ 用高筋麵粉製作菠蘿皮成品較酥脆;低筋麵粉製作菠蘿皮成品較鬆軟。

11 拌勻,完成菠蘿皮製作。

12 將菠蘿皮放入保鮮袋後擀平,並放置冷藏鬆弛 30 分鐘後取出。

　※ 若冷藏時間過久,導致菠蘿皮變冰硬了,可放置室溫軟化後再使用。而剩下的菠蘿皮可放進冷凍保存。

普通中種麵團製作

13 取攪拌缸,高筋麵粉 a、清水 a、速發酵母,以桌上型攪拌機攪拌至成團,為中種麵團。

14 因為中種麵團本身偏乾,所以表面仍是粗糙的狀態,須放置 26℃ 的環境中,發酵 1.5 ~ 2 小時。

　※ 時間僅供參考,須以中種麵團實際的發酵狀態為主。

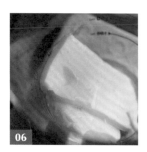
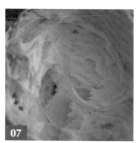
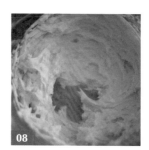
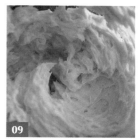

06　07　08　09

15 中種麵團發酵至視覺的 3 ～ 4 倍大，用手指一壓，充滿氣體，表面有坍塌感，氣味是麵團的麵香，沒有任何酒精味或酸味，完成普通中種麵團製作。

主麵團製作

16 取攪拌缸，倒入高筋麵粉 b、中種麵團、細砂糖、全蛋 a、動物性鮮奶油、清水 b、食鹽，開始攪打。

　　☀ 因各廠牌麵粉的吸水性不同，所以水量可以事先保留 20 ～ 30 克，觀察麵團的狀態再決定是否要加入。

17 以桌上型攪拌機慢速攪拌成團後，再轉中速攪打至麵團可拉長，麵團與攪拌缸有拍缸聲。

　　☀ 拍缸聲為麵團可拉長，開始產生筋性狀態。

18 當麵團的狀態可拉長，並開始產生筋性狀態時，加入室溫軟化的無鹽奶油 a。

19 以慢速攪拌至無鹽奶油 a 被麵團吸收，再轉中速甩打麵團，直至麵團帶有彈性，外觀光滑，用手可撐出強韌的薄膜。

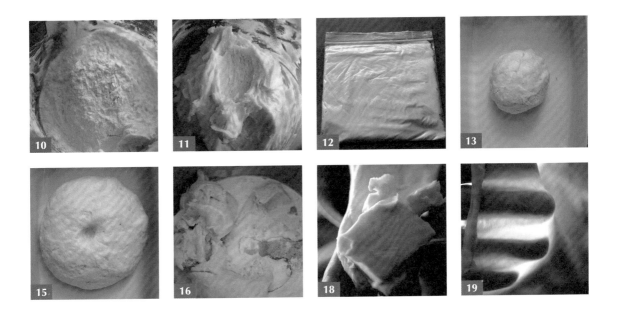

20 薄膜的裂口為直線狀態，麵團在完全階段，終溫為不超過 26℃。

　◉ 終溫為麵團攪拌的溫度。

基礎發酵

21 將麵團放入容器中，在溫度 28℃，濕度 75% 的環境中，進行基礎發酵。

22 若家中無發酵箱，可以使用烤箱幫助發酵，將烤箱的電源打開後，放入溫度計，當溫度到達 28℃時，立刻關掉電源，此時可將麵團放入烤箱，旁邊放一碗熱水。

　◉ 熱水可增加環境裡的濕度，有助於麵團發酵。

23 麵團約發酵 30 分鐘，至原先體積的 2 倍大。

24 手指沾高筋麵粉，戳入麵團，呈不回彈的狀態，完成麵團基礎發酵。

分割滾圓、中間發酵

25 將麵團平均分成 10 份，每份約 60 克。

26 將麵團滾圓以幫助排氣，完成後才能進行下一步驟。

　◉ 判斷的狀態為，手壓麵團時，帶有些許彈性的緊度。

27 麵團須鬆弛 15 分鐘，可在上方覆蓋塑膠袋，以讓麵團保濕。

　◉ 適度的鬆弛有利於後續的捲擀。

28 充分鬆弛後，取一份麵團。

29 用手掌將麵團壓扁，也順勢將空氣排出。

30 將麵團翻面後，並將上、下、左、右，四周的麵團往中心摺。

31 摺好後，再將麵團翻面，滾圓。

　◉ 滾圓方法可參考影片 QRcode。

32 將菠蘿皮分割為 30 克，在表面撒上手粉後，壓平。

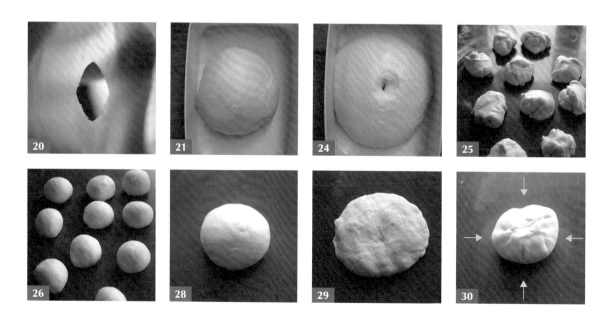

33 將麵團放在菠蘿皮上。

34 一手壓菠蘿皮，一手輕壓麵團，先將菠蘿皮延展開來。

35 承步驟 34，將菠蘿皮包覆住整個麵團，並將收口收緊。
     ❀ 菠蘿整形可參考影片 QRcode。

菠蘿的整形
方法影片
QRcode

最後發酵、烘烤

36 將菠蘿麵團放入紙杯模，進行最後發酵。
     ❀ 可依個人喜好決定是否放入紙杯模發酵。

37 將麵團約發酵 45 ～ 50 分鐘，至原先體積的 2 倍大。

38 在表面刷上已攪勻的蛋黃液。

39 放進烤箱，以上火 190℃、下火 200℃，烘烤 12 ～ 13 分鐘，烤至表面
     上色後，使用隔熱手套將菠蘿麵包從烤箱裡取出，放涼，即可享用。

滾圓的方法
影片 QRcode

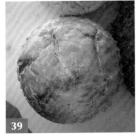

TIPS

　　麵包體裡面，可依個人喜好包入奶酥、肉鬆或是巧克力豆，
風味、口感會更多一些！

奶酥麵包

Milky Filling Buns

中種麵團	① 高筋麵粉 a	210 克
	② 清水 a	110 克
	③ 速發酵母	3 克

主麵團	④ 高筋麵粉 b	90 克
	⑤ 細砂糖	45 克
	⑥ 全蛋 b（去殼）	30 克
	⑦ 動物性鮮奶油	30 克
	⑧ 清水 b	15 克
	⑨ 食鹽	4 克
	⑩ 無鹽奶油 a（室溫軟化）	30 克

奶酥餡	⑪ 無鹽奶油 b（室溫軟化）	130 克
	⑫ 糖粉	65 克
	⑬ 蛋黃	24 克
	⑭ 全脂奶粉	200 克

| 表面裝飾 | ⑮ 全蛋 a（去殼） | 50 克 |
| | ⑯ 椰子粉（細絲） | 20 克 |

STEP BY STEP 步驟說明

前置作業

01 準備圓直徑 10 公分，高 2.5 公分的紙杯模。

02 將無鹽奶油 a、b 靜置室溫軟化，備用。
✽ 軟化的狀態為手指壓在無鹽奶油上，會留下壓紋。

03 將糖粉過篩，備用。

04 預熱烤箱至上火 190℃、下火 200℃。

05 取一容器，打入全蛋 a，攪勻，為全蛋液 a。

奶酥餡製作

06 取一容器，倒入室溫軟化的無鹽奶油 b、過篩後的糖粉，拌勻。
✽ 該步驟只須拌勻，無須打發。

07 分 2～3 次加入蛋黃，拌勻。

08 將糖粉、蛋黃拌勻即可，無須打發。

09 加入全脂奶粉。

10 拌勻，完成奶酥製作。

普通中種麵團製作

11 取攪拌缸，高筋麵粉 a、清水 a、速發酵母，以桌上型攪拌機攪拌至成團，為中種麵團。

12 因為中種麵團本身偏乾，所以表面仍是粗糙的狀態，須放置 26℃的環境中，發酵 1.5 ~ 2 小時。

　　⊛ 時間僅供參考，須以中種麵團實際的發酵狀態為主。

13 中種麵團發酵至視覺的 3 ~ 4 倍大，用手指一壓，充滿氣體，表面有坍塌感，氣味是麵團的麵香，沒有任何酒精味或酸味，完成普通中種麵團製作。

主麵團製作

14 取攪拌缸，倒入高筋麵粉 b、中種麵團、細砂糖、全蛋 b、動物性鮮奶油、清水 b、食鹽，開始攪打。

　　⊛ 因各廠牌麵粉的吸水性不同，所以水量可以事先保留 20 ~ 30 克，觀察麵團的狀態再決定是否要加入。

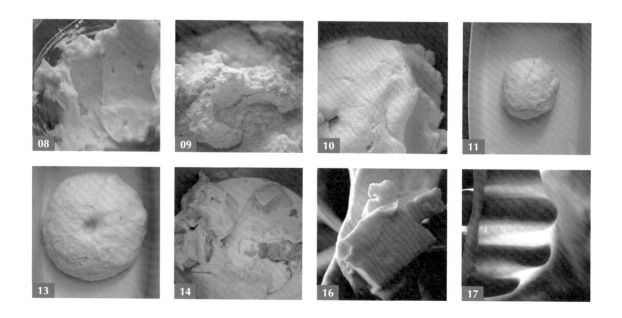

15 以桌上型攪拌機慢速攪拌成團後，再轉中速攪打至麵團可拉長，麵團與攪拌缸有拍缸聲。
　　❀ 拍缸聲為麵團可拉長，開始產生筋性狀態。

16 當麵團的狀態可拉長，並開始產生筋性狀態時，加入室溫軟化的無鹽奶油 a。

17 以慢速攪拌至無鹽奶油 a 被麵團吸收，再轉中速甩打麵團，直至麵團帶有彈性，外觀光滑，用手可撐出強韌的薄膜。

18 薄膜的裂口呈直線狀態，麵團在完全階段，終溫為不超過 26℃。
　　❀ 終溫為麵團攪拌的溫度。

基礎發酵

19 將麵團放入容器中，在溫度 28℃，濕度 75% 的環境中，進行基礎發酵。

20 若家中無發酵箱，可以使用烤箱幫助發酵，將烤箱的電源打開後，放入溫度計，當溫度到達 28℃時，立刻關掉電源，此時可將麵團放入烤箱，旁邊放一碗熱水。
　　❀ 熱水可增加環境裡的濕度，有助於麵團發酵。

21 麵團約發酵 30 分鐘，至原先體積的 2 倍大。

22 手指沾高筋麵粉，戳入麵團，呈不回彈的狀態，完成麵團基礎發酵。

分割滾圓、中間發酵

23 將麵團平均分成 10 份，每份約 60 克。

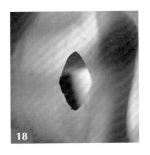

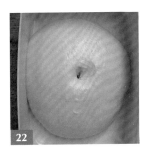

24 將麵團滾圓以幫助排氣，完成後才能進行下一步驟。

　◉ 判斷的狀態為，手壓麵團時，帶有些許彈性的緊度。

25 麵團須鬆弛 15 分鐘，可在上方覆蓋塑膠袋，以讓麵團保濕。

　◉ 適度的鬆弛有利於後續的捲擀。

26 充分鬆弛之後，取一份麵團。

27 用手掌將麵團壓扁，也順勢將空氣排出。

28 將麵團翻面，包入 40 克的奶酥餡。

　◉ 包餡方法可參考影片 QRcode。

29 將收口收緊後，整形完成。

奶酥包成餡
的方法影片
QRcode

最後發酵、烘烤

30 進行最後發酵，將麵團約發酵 45 ～ 50 分鐘，至原先體積的 2 倍大。

31 將麵團放入烤箱前，在表面刷上全蛋液 a。

32 撒上椰子粉作為裝飾。

33 放入烤箱，以上火 190℃、下火 200℃，烘烤 12 ～ 13 分鐘，烤至表面上色後，使用隔熱手套將奶酥麵包從烤箱裡取出，放涼，即可享用。

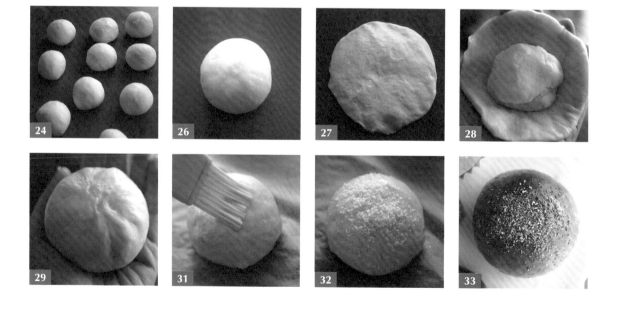

蔥花麵包
Spring Onion Buns

① 肉鬆	25 克	
② 白芝麻	適量	
③ 全蛋 c（去殼）	30 克	

中種麵團
④ 高筋麵粉 a ············ 210 克
⑤ 清水 a ············ 110 克
⑥ 速發酵母 ············ 3 克

主麵團
⑦ 高筋麵粉 b ············ 90 克
⑧ 細砂糖 ············ 45 克

⑨ 全蛋 b（去殼） ············ 30 克
⑩ 動物性鮮奶油 ············ 30 克
⑪ 清水 b ············ 15 克
⑫ 食鹽 ············ 4 克
⑬ 無鹽奶油（室溫軟化） ············ 30 克

蔥花餡
⑭ 豬油 ············ 85 克
⑮ 日式美乃滋 ············ 90 克
⑯ 全蛋 a（去殼） ············ 45 克
⑰ 白胡椒粉 ············ 適量
⑱ 青蔥（切蔥花） ············ 75 克

STEP BY STEP 步驟說明

前置作業

01 將無鹽奶油靜置室溫軟化，備用。

　　❀ 軟化的狀態為手指壓在無鹽奶油上，會留下壓紋。

02 預熱烤箱至上火 190℃、下火 200℃。

03 取兩個容器，分別打入全蛋 a、全蛋 c 後，攪勻，為全蛋液 a、全蛋液 c。

04 將青蔥洗淨，瀝乾水分，切蔥花，備用。

普通中種麵團製作

`05`

05 取攪拌缸，高筋麵粉 a、清水 a、速發酵母，以桌上型攪拌機攪拌至成團，為中種麵團。

06 因為中種麵團本身偏乾，所以表面仍是粗糙的狀態，須放置 26℃的環境中，發酵 1.5 ～ 2 小時。

　　❀ 時間僅供參考，須以中種麵團實際的發酵狀態為主。

`07`

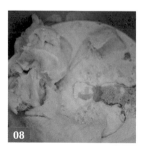
`08`

07　中種麵團發酵至視覺的 3 ～ 4 倍大，用手指一壓，充滿氣體，表面有坍塌感，氣味是麵團的麵香，沒有任何酒精味或酸味，完成普通中種麵團製作。

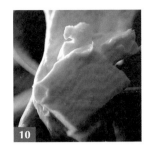

主麵團製作

08　取攪拌缸，倒入高筋麵粉 b、中種麵團、細砂糖、全蛋 b、動物性鮮奶油、清水 b、食鹽。

　　❀ 因各廠牌麵粉的吸水性不同，所以水量可以事先保留 20 ～ 30 克，觀察麵團的狀態再決定是否要加入。

09　以桌上型攪拌機慢速攪拌成團後，再轉中速攪打至麵團可拉長，麵團與攪拌缸有拍缸聲。

　　❀ 拍缸聲為麵團可拉長，開始產生筋性狀態。

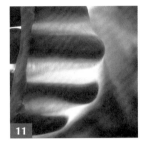

10　當麵團的狀態可拉長，並開始產生筋性狀態時，加入室溫軟化的無鹽奶油。

11　以慢速攪拌至無鹽奶油被麵團吸收，再轉中速甩打麵團，直至麵團帶有彈性，外觀光滑，用手可撐出強韌的薄膜。

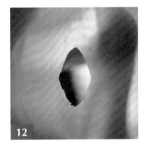

12　薄膜的裂口呈直線狀態，麵團在完全階段，終溫為不超過 26℃。

　　❀ 終溫為麵團攪拌的溫度。

基礎發酵

13　將麵團放入容器中，在溫度 28℃，濕度 75% 的環境中，進行基礎發酵。

14　若家中無發酵箱，可以使用烤箱幫助發酵，將烤箱的電源打開後，放入溫度計，當溫度到達 28℃時，立刻關掉電源，此時可將麵團放入烤箱，旁邊放一碗熱水。

　　❀ 熱水可增加環境裡的濕度，有助於麵團發酵。

15　麵團約發酵 30 分鐘，至原先體積的 2 倍大。

16　手指沾高筋麵粉，戳入麵團，呈不回彈的狀態，完成麵團基礎發酵。

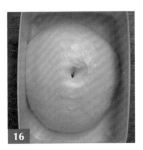

分割滾圓、中間發酵

17 　將麵團平均分成 15 份，每份約 40 克。

18 　將麵團滾圓以幫助排氣，完成後才能進行下一步驟。
　　❀ 判斷的狀態為，手壓麵團時，帶有些許彈性的緊度。

19 　麵團須鬆弛 15 分鐘，可在上方覆蓋塑膠袋，以讓麵團保濕，取一份麵團。
　　❀ 適度的鬆弛有利於後續的捲捍。

20 　用手掌將麵團壓扁，也順勢將空氣排出。

21 　用捍麵棍將麵團上下稍微捍長。

22 　將麵團轉向 90 度。

23 　將麵團由上往下捲起，並兩邊搓尖，為長條形麵團。

24 　重複步驟 19-23，依序完成其他麵團的整形，並將 3 條長條形麵團分成一組。

蔥花餡製作、最後發酵

25 將 3 條長條形麵團交錯疊在一起，為辮子造型，並依序將其他長條形麵團完成編製，
   進行最後發酵。

26 同時取一容器，倒入豬油、日式美乃滋、全蛋液 a、白胡椒粉。
   ❀ 若豬油是從冰箱取出，則須放置室溫軟化。另外，因日式美乃滋帶鹹味，所以沒有額外
     加食鹽，若使用台式的甜味美乃滋，則須加少許食鹽。

27 用打蛋器拌勻。

28 待麵團發酵 45 ～ 50 分鐘，至原先體積的 2 倍大，再將蔥花加入步驟 27 拌勻的混
   合物中，拌勻，為蔥花餡。
   ❀ 蔥花若太早放入，會出水，並影響口感。

烘烤

29 將麵團放入烤箱前，在表面刷上全蛋液 c。

30 放上 5 ～ 6 克肉鬆，可讓麵包更具風味。

31 鋪上蔥花餡。

32 撒上白芝麻。

33 放入烤箱，以上火 190℃、下火 200℃，烘烤 15 分鐘，烤至表面上色後，使用隔熱
   手套將蔥花麵包從烤箱裡取出，放涼，即可享用。

墨西哥麵包
Mexican Buns (Conchas)

INGREDIENTS 使用材料

中種麵團		
① 高筋麵粉 a	210 克
② 清水 a	110 克
③ 速發酵母	3 克

主麵團		
④ 高筋麵粉 b	90 克
⑤ 細砂糖	45 克
⑥ 全蛋 a（去殼）	30 克
⑦ 動物性鮮奶油	30 克

墨西哥醬		
⑧ 清水 b	15 克
⑨ 食鹽	4 克
⑩ 無鹽奶油 a（室溫軟化）	30 克
⑪ 無鹽奶油 b（室溫軟化）	80 克
⑫ 糖粉	70 克
⑬ 全蛋 b（去殼）	80 克
⑭ 低筋麵粉	80 克

STEP BY STEP 步驟說明

前置作業

01 將無鹽奶油 a、b 靜置室溫軟化，備用。
　　❀ 軟化的狀態為手指壓在無鹽奶油上，會留下壓紋。

02 將糖粉、低筋麵粉，分別過篩，備用。

03 預熱烤箱至上火 190℃、下火 200℃。

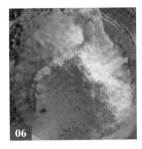

04 將全蛋 b 放置室溫，並取一容器，打入全蛋 b，攪勻，為全蛋液 b。
　　❀ 全蛋液須放置室溫，並分次加入無鹽奶油中，才不會油水分離，油水分離為顆粒小球狀態，會影響口感。

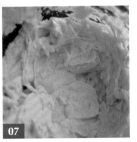

墨西哥醬製作

05 取一容器，倒入室溫軟化的無鹽奶油 b。

06 加入過篩後的糖粉，拌勻。

07 分 2～3 次加入全蛋液 b，拌勻。

08 加入過篩後的低筋麵粉，拌勻。

09 墨西哥醬製作完成。

10 可將墨西哥醬放入擠花袋（或三明治袋）中，備用；若室溫較高，可以放冷藏保存，但須在使用前 10 ～ 15 分鐘取出回溫，避免冷藏過硬，難擠出使用。

普通中種麵團製作

11 取攪拌缸，倒入高筋麵粉 a、清水 a、速發酵母，以桌上型攪拌機攪拌至成團，為中種麵團。

12 因為中種麵團本身偏乾，所以表面仍是粗糙的狀態，須放置 26℃的環境中，發酵1.5 ～ 2 小時。
　※ 時間僅供參考，須以中種麵團實際的發酵狀態為主。

13 中種麵團發酵至視覺的 3 ～ 4 倍大，用手指一壓，充滿氣體，表面有坍塌感，氣味是麵團的麵香，沒有任何酒精味或酸味，完成普通中種麵團製作。

主麵團製作

14 取攪拌缸，倒入高筋麵粉 b、中種麵團、細砂糖、全蛋 a、動物性鮮奶油、清水 b、食鹽，開始攪打。
　※ 因各廠牌麵粉的吸水性不同，所以水量可以事先保留 20 ～ 30 克，觀察麵團的狀態再決定是否要加入。

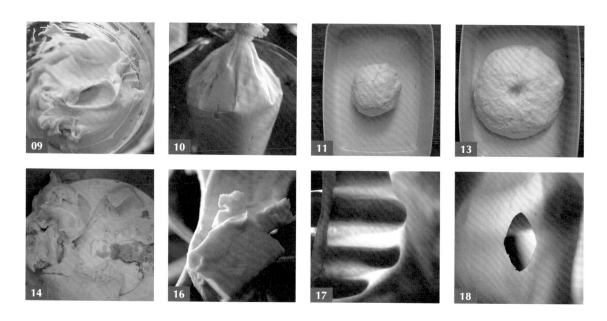

15 以桌上型攪拌機慢速攪拌成團後，再轉中速攪打至麵團可拉長，麵團與攪拌缸有拍缸聲。

　❀ 拍缸聲為麵團可拉長，開始產生筋性狀態。

16 當麵團的狀態可拉長，並開始產生筋性狀態時，加入室溫軟化的無鹽奶油 a。

17 以慢速攪拌至無鹽奶油 a 被麵團吸收，再轉中速甩打麵團，直至麵團帶有彈性，外觀光滑，用手可撐出強韌的薄膜。

18 薄膜的裂口呈直線狀態，麵團在完全階段，終溫為不超過 26℃。

　❀ 終溫為麵團攪拌的溫度。

基礎發酵

19 將麵團放入容器中，在溫度 28℃，濕度 75% 的環境中，進行基礎發酵。

20 若家中無發酵箱，可以使用烤箱幫助發酵，將烤箱的電源打開後，放入溫度計，當溫度到達 28℃時，立刻關掉電源，此時可將麵團放入烤箱，旁邊放一碗熱水。

　❀ 熱水可增加環境裡的濕度，有助於麵團發酵。

21 麵團約發酵 30 分鐘，至原先體積的 2 倍大。

22 手指沾高筋麵粉，戳入麵團，呈不回彈的狀態，完成麵團基礎發酵。

分割滾圓、中間發酵

23 將麵團平均分成 10 份，每份約 60 克。

24 將麵團滾圓以幫助排氣，完成後才能進行下一步驟。

　❀ 判斷的狀態為，手壓麵團時，帶有些許彈性的緊度。

25 麵團須鬆弛 15 分鐘，可在上方覆蓋塑膠袋，以讓麵團保濕。
　　❀ 適度的鬆弛有利於後續的捲擀。

26 充分鬆弛後，取一份麵團。

27 用手掌將麵團壓扁，也順勢將空氣排出。

28 將麵團翻面後，並將上、下、左、右，四周的麵團往中心摺。

29 摺好後，再將麵團翻面，滾圓。
　　❀ 滾圓方法可參考影片 QRcode。

滾圓的方法
影片 QRcode

最後發酵、烘烤

30 進行最後發酵。

31 將麵團約發酵 45 ～ 50 分鐘，至原先體積的 2 倍大。

32 取墨西哥醬，在麵團頂端繞圓圈，擠至麵團的一半高，約 30 克。

33 放進烤箱，以上火 190℃、下火 200℃，烘烤 12 ～ 13 分鐘，烤至表面上色後，使用隔熱手套將墨西哥麵包從烤箱裡取出，放涼，即可享用。

TIPS

　　麵包體裡面，可依個人喜好包入奶酥、肉鬆或是巧克力豆，風味、口感會更多一些！

肉鬆麵包
Pork Floss Buns

中種麵團	① 高筋麵粉 a	210 克		⑧ 清水 b	15 克
	② 清水 a	10 克		⑨ 食鹽	4 克
	③ 速發酵母	3 克		⑩ 無鹽奶油	30 克
主麵團	④ 高筋麵粉 b	90 克	其他	⑪ 全蛋 b（去殼）	適量
	⑤ 細砂糖	45 克		⑫ 肉鬆	適量
	⑥ 全蛋 a（去殼）	30 克		⑬ 美乃滋	適量
	⑦ 動物性鮮奶油	30 克			

04

06

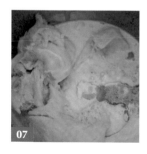

07

前置作業

01 預熱烤箱至上火 190℃、下火 200℃。

02 取一容器，打入全蛋 b，攪勻，為全蛋液 b。

03 將無鹽奶油靜置室溫軟化，備用。
　　❋ 軟化的狀態為手指壓在無鹽奶油上，會留下壓紋。

普通中種麵團製作

04 取攪拌缸，倒入高筋麵粉 a、清水 a、速發酵母，以桌上型攪拌機攪拌至成團，為中種麵團。

05 因為中種麵團本身偏乾，所以表面仍是粗糙的狀態，須放置 26℃的環境中，發酵 1.5～2 小時。
　　❋ 時間僅供參考，須以中種麵團實際的發酵狀態為主。

06 中種麵團發酵至視覺的 3～4 倍大，用手指一壓，充滿氣體，表面有坍塌感，氣味是麵團的麵香，沒有任何酒精味或酸味，完成普通中種麵團製作。

主麵團製作

07　取攪拌缸，倒入高筋麵粉 b、中種麵團、細砂糖、全蛋 a、
　　動物性鮮奶油、清水 b、食鹽，開始攪打。

　　❀ 因各廠牌麵粉的吸水性不同，所以水量可以事先保留 20 ～ 30
　　　克，觀察麵團的狀態再決定是否要加入。

08　以桌上型攪拌機慢速攪拌成團後，再轉中速攪打至麵團可
　　拉長，麵團與攪拌缸有拍缸聲。

　　❀ 拍缸聲為麵團可拉長，開始產生筋性狀態。

09　當麵團的狀態可拉長，並開始產生筋性狀態時，加入室溫
　　軟化的無鹽奶油。

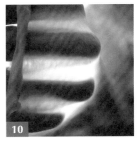

10　以慢速攪拌至無鹽奶油被麵團吸收，再轉中速甩打麵團，直
　　至麵團帶有彈性，外觀光滑，用手可撐出強韌的薄膜。

11　薄膜的裂口呈直線狀態，麵團在完全階段，終溫為不超過
　　26℃。

　　❀ 終溫為麵團攪拌的溫度。

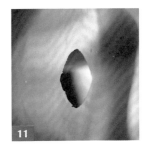

基礎發酵

12　將麵團放入容器中，在溫度 28℃，濕度 75% 的環境中，
　　進行基礎發酵。

13　若家中無發酵箱，可以使用烤箱幫助發酵，將烤箱的電源打
　　開後，放入溫度計，當溫度到達 28℃時，立刻關掉電源，此
　　時可將麵團放入烤箱，旁邊放一碗熱水。

　　❀ 熱水可增加環境裡的濕度，有助於麵團發酵。

14　麵團約發酵 30 分鐘，至原先體積的 2 倍大。

15　手指沾高筋麵粉，戳入麵團，呈不回彈的狀態，完成麵團
　　基礎發酵。

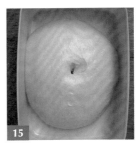

分割滾圓、中間發酵

16 將麵團平均分成 10 份，每份約 60 克。

17 將麵團滾圓以幫助排氣，完成後才能進行下一步驟。
　　❀ 判斷的狀態為，手壓麵團時，帶有些許彈性的緊度。

18 麵團須鬆弛 15 分鐘，可在上方覆蓋塑膠袋，以讓麵團保濕。
　　❀ 適度的鬆弛有利於後續的捲擀。

19 充分鬆弛後，取一份麵團。

20 取擀麵棍，將麵團上下擀平，呈現橢圓狀。

21 翻面後，將靠近自己的麵團邊緣，壓整成直線。

22 從 10 點、2 點方向往中心方向捲起，才能形成橢欖形狀。

23 將麵團由上往下捲起輕壓，為第一圈。

24 將麵團由上往下捲起輕壓，為第二圈。

25 將麵團由上往下捲起輕壓，為第三圈，收口壓緊。
　　❀ 橢欖型麵包整形可參考影片 QRcode。

橄欖型麵包
整形方法影片
QRcode

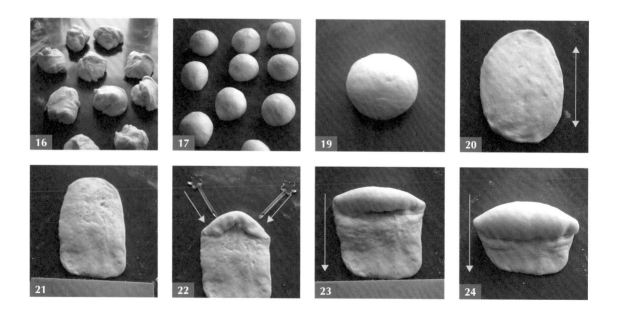

最後發酵、裝飾

26 橄欖形狀麵團完成，進行最後發酵。

27 待麵團發酵 45 ～ 50 分鐘，至原先體積的 2 倍大。

28 在麵團表面刷上全蛋液 b。

29 放進烤箱，以上火 190℃、下火 200℃，烘烤 12 ～ 13 分鐘，烤至表面上色後，再使用隔熱手套將麵包從烤箱裡取出。

30 放涼後，在麵包表面塗抹上美乃滋。
    ✿ 美乃滋須有厚度才可沾附上肉鬆。

31 在美乃滋上方沾上肉鬆。

32 肉鬆麵包完成，即可享用。

菠蘿布丁麵包

Crispy Pineapple Pudding Buns

INGREDIENTS 使用材料

中種麵團			
	① 高筋麵粉 a	210 克	
	② 清水 a	110 克	
	③ 速發酵母	3 克	

主麵團			
	④ 高筋麵粉 b	90 克	
	⑤ 細砂糖 a	45 克	
	⑥ 全蛋 a（去殼）	30 克	
	⑦ 動物性鮮奶油	30 克	
	⑧ 清水 b	15 克	
	⑨ 食鹽	4 克	
	⑩ 無鹽奶油（室溫軟化）	30 克	

布丁液			
	⑪ 全蛋 b（去殼）	110 克	
	⑫ 蛋黃 a	50 克	
	⑬ 鮮奶	500 克	
	⑭ 飲用水	450 克	
	⑮ 細砂糖 b	90 克	
	⑯ 吉利 T	20 克	

其他			
	⑰ 菠蘿皮	適量（可參考 P.165 製作）	
	⑱ 手粉	適量	
	⑲ 蛋黃 b	2 顆	
	⑳ 派石或豆子（黃豆、綠豆、紅豆）	適量	

STEP BY STEP 步驟說明

前置作業

01　準備 100 克金屬布丁杯 10 個。

02　將無鹽奶油靜置室溫軟化，備用。
　　❀ 軟化的狀態為手指壓在無鹽奶油上，會留下壓紋。

03　預熱烤箱至上火 190℃、下火 200℃。

04　取一容器，打入蛋黃 b，攪勻，為蛋黃液 b。

普通中種麵團製作

05　取攪拌缸，倒入高筋麵粉 a、清水 a、速發酵母，以桌上型攪拌機攪拌至成團，為中種麵團。

06　因為中種麵團本身偏乾，所以表面仍是粗糙的狀態，須放置 26℃的環境中，發酵 1.5 ～ 2 小時。
　　❀ 時間僅供參考，須以中種麵團實際的發酵狀態為主。

07　中種麵團發酵至視覺的 3 ～ 4 倍大，用手指一壓，充滿氣體，表面有坍塌感，氣味是麵團的麵香，沒有任何酒精味或酸味，完成普通中種麵團製作。

主麵團製作

08 取攪拌缸，倒入高筋麵粉 b、中種麵團、細砂糖 a、全蛋 a、動物性鮮奶油、清水 b、食鹽，開始攪打。

　　❀ 因各廠牌麵粉的吸水性不同，所以水量可以事先保留 20 ～ 30 克，觀察麵團的狀態再決定是否要加入。

09 以桌上型攪拌機慢速攪拌成團後，再轉中速攪打至麵團可拉長，麵團與攪拌缸有拍缸聲。

　　❀ 拍缸聲為麵團可拉長，開始產生筋性狀態。

10 當麵團的狀態可拉長，並開始產生筋性狀態時，加入室溫軟化的無鹽奶油。

11 以慢速攪拌至無鹽奶油被麵團吸收，再轉中速甩打麵團，直至麵團帶有彈性，外觀光滑，用手可撐出強韌的薄膜。

12 薄膜的裂口呈直線狀態，麵團在完全階段，終溫為不超過 26℃。

　　❀ 終溫為麵團攪拌的溫度。

基礎發酵

13 將麵團放入容器中，在溫度 28℃，濕度 75% 的環境中，進行基礎發酵。

14 若家中無發酵箱，可以使用烤箱幫助發酵，將烤箱的電源打開後，放入溫度計，當溫度到達 28℃時，立刻關掉電源，此時可將麵團放入烤箱，旁邊放一碗熱水。

　　❀ 熱水可增加環境裡的濕度，有助於麵團發酵。

15 麵團約發酵 30 分鐘，至原先體積的 2 倍大。

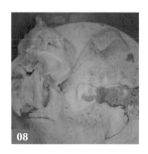 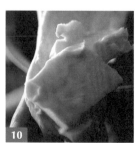 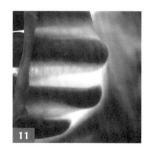 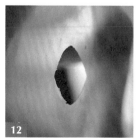

16 手指沾高筋麵粉，戳入麵團，呈不回彈的狀態，完成麵團基礎發酵。

分割滾圓、中間發酵

17 將麵團平均分成 10 份，每份約 60 克。

18 將麵團滾圓以幫助排氣，完成後才能進行下一步驟。
　❀ 判斷的狀態為，手壓麵團時，帶有些許彈性的緊度。

19 麵團須鬆弛 15 分鐘，可在上方覆蓋塑膠袋，以讓麵團保濕。
　❀ 適度的鬆弛有利於後續的捲擀。

20 充分鬆弛後，取一份麵團。

21 用手掌將麵團壓扁，順勢將空氣排出。

22 將麵團翻面後，並將上、下、左、右，四周的麵團往中心摺。

23 摺好後，再將麵團翻面，滾圓。
　❀ 滾圓方法可參考影片 QRcode。

滾圓的方法
影片 QRcode

24 將菠蘿皮分割為 30 克，在表面撒上手粉後，壓平。

    ❀ 菠蘿皮製作可參考菠蘿麵包 P.165。

菠蘿的整形
方法影片
QRcode

25 將麵團放在菠蘿皮上。

26 一手壓菠蘿皮，一手輕壓麵團，先將菠蘿皮延展開來。

27 將菠蘿皮包覆住整個麵團，收口收緊。

28 完成菠蘿麵包團。

    ❀ 菠蘿整形可參考影片 QRcode。

最後發酵、烘烤

29 取 100 克容量的金屬布丁杯。

30 用手將菠蘿麵包團壓平。

31 將布丁杯輕壓入菠蘿麵包團中心，須注意不可過度施力，以免不小心壓穿麵團；放好後，在布丁杯上放上派石或豆子重壓，杯子才不會因發酵或入爐而脫出。

32 將菠蘿麵包團約發酵 45 ～ 50 分鐘，至原先體積的 2 倍大。

33 在表面刷上蛋黃液 b。

34 放進烤箱，以上火 190℃、下火 200℃，烘烤 12 ～ 13 分鐘，烤至表面上色後，使用隔熱手套將菠蘿麵包從烤箱裡取出。

35 將菠蘿麵包放涼，並待布丁杯不燙手後，取出布丁杯。

布丁液製作

36 須在麵包放涼時製作。將細砂糖、吉利 T 拌勻，以免吉利 T 結塊，為吉利 T 糖。

37 在鍋中放入全蛋 b、蛋黃 a、鮮奶、飲用水。

38 開火，並邊煮邊用打蛋器攪拌，以免全蛋 b、蛋黃 a 被煮熟，約煮至 80℃。

39 煮至 80℃後，加入吉利 T 糖。

 ❀ 吉利 T 在 80℃才會溶解。

40 攪拌至吉利 T 糖完全溶解，完成布丁液製作。

41 可將布丁液用濾網過篩，使布丁液更細緻。

42 將布丁液倒入麵包凹槽中，放置室溫靜置，待布丁凝固，即可享用。

 ❀ 吉利 T 在室溫 38℃下會凝固。

包子

BUN

鮮肉包子

Soft Steamed Pork Buns

INGREDIENTS 使用材料

	包子皮	① 中筋麵粉	400 克
		② 速發酵母	4 克
		③ 細砂糖 a	30 克
		④ 鮮奶	110 克
		⑤ 清水 a	100 克
		⑥ 食鹽 a	1 克
		⑦ 食用油	10 克

內餡 1
⑧ 豬絞肉 a ……………… 120 克
⑨ 台式醬油 ……………… 1 大匙
⑩ 油蔥酥 ………………… 3 大匙

內餡 2
⑪ 豬絞肉 b ……………… 280 克
⑫ 食鹽 b ………………… ¾ 小匙
⑬ 日式醬油 ……………… 1 小匙
⑭ 蠔油 …………………… 1 小匙
⑮ 白胡椒 ………………… 少許
⑯ 細砂糖 b ……………… ½ 小匙
⑰ 薑泥 …………………… 1 小匙
⑱ 米酒 …………………… 2 小匙
⑲ 清水 b（或高湯）…… 2～3 大匙
⑳ 青蔥（切蔥花）……… 60 克

STEP BY STEP 步驟說明

前置作業

01 將青蔥洗淨，切蔥花。

內餡 1 製作

02 熱鍋，加入豬絞肉 a 下去拌炒，炒至肉變白色後，加入台式醬油，與絞肉拌勻並炒出香氣，再加入油蔥酥拌炒至香氣四溢，內餡 1 完成，放置到全涼，才可以加入內餡 2 中。
　　❀ 這款內餡製作，是先將少部分內餡炒香為熟餡，熟餡再與生餡拌勻，這樣可以讓成品更具香氣。

內餡 2 製作

03 取豬絞肉 b，加入食鹽 b、日式醬油、蠔油、白胡椒、細砂糖 b、薑泥，米酒，拌勻。

04 分次將清水 b（或高湯）2～3 大匙打入步驟 3 的內餡中。
　　❀ 打水的動作可以讓內餡更鮮嫩滑口，可依個人取得方便打入清水或雞、豬、昆布、柴魚等不同風味的高湯。

05 每加入一匙清水 b（或高湯），都須拌至吸收後，才可再加下一匙清水 b（或高湯），直到肉變得有水嫩感，成品會更滑口不乾柴。

06 加入蔥花及已放涼的內餡 1，拌勻，完成內餡 2 製作。

麵皮製作

07 將中筋麵粉、速發酵母、細砂糖 a、鮮奶、清水 a、食鹽 a、食用油放入攪拌缸中，以桌上型攪拌機攪拌至三光，鬆弛 10 分鐘。
❀ 麵團三光為盆光、手光、麵團光滑的狀態。

08 用手將麵團搓長，使用刮板，平均分成 11 顆，每顆約 60 克左右。

09 將每顆麵團一一滾圓，手揉排氣，將多餘氣體排出。
❀ 滾圓的麵團，會比原先潔白光亮，就是可以進入下一階段的狀態。

10 取一麵團，先用手掌稍壓扁，再用擀麵棍擀成外薄中心厚的麵皮。
❀ 可一次擀圓 4 ～ 5 片，方便製作。

包餡、發酵與蒸製

11　將 45 ~ 48 克內餡 2 包入麵皮。

　　　◉ 可依實際可包入的份量自行斟酌內餡量；包子整形可參考影片 QRcode。

12　依序將麵皮包入內餡，完成包子製作。

13　以溫度 33℃ ~ 35℃，發酵至手壓會慢慢回彈，且留下淡淡指痕，外
　　　觀為 1.5 ~ 2 倍大，外觀白皙，手拿變輕盈，即可入鍋蒸。

　　　◉ 發酵成 1.5 倍口感較有嚼勁；發酵成 2 倍口感會比較鬆軟。

14　以中大火將水煮滾後，將包子放入蒸鍋內，鍋邊留細小縫，蒸 15 分
　　　鐘後，轉最小火續蒸 3 分鐘。

　　　◉ 詳細說明可看 TIPS。

15　時間到即可出爐。

包子的整形方法
影片 QRcode

TIPS

　　火力過大，產生水蒸氣會越多，越容易讓包子表面滴到水。家庭製作時，量小，鍋邊
留小縫，可使水蒸氣從縫隙中排出，避免在蒸製時鍋蓋凝聚水氣而滴到包子；大量製作時，
建議鍋蓋包上布巾，底部也可鋪上，避免表面與底部因水氣太多而影響口感。

香菇蛋黃肉包

Soft Steamed Pork Buns

INGREDIENTS 使用材料

	包子皮		
	① 中筋麵粉	400 克
	② 速發酵母	4 克
	③ 細砂糖	30 克
	④ 食鹽 a	1 克
	⑤ 食用油	10 克
	⑥ 清水 a	210 克

內餡
⑦ 乾香菇（鈕扣形狀的大小） ······ 12 朵
⑧ 鹹蛋黃 ······ 12 顆

⑨ 豬絞肉 ······ 300 克
⑩ 食鹽 b ······ 3 克
⑪ 米酒 ······ 1 大匙
⑫ 日式醬油 ······ 1 大匙
⑬ 台式醬油 ······ 1 小匙
⑭ 蠔油 ······ 1 小匙
⑮ 白胡椒粉 ······ ½ 小匙
⑯ 清水 b（或高湯） ······ 2 ～ 3 大匙
⑰ 青蔥（切蔥花） ······ 60 克

STEP BY STEP 步驟說明

前置作業

01 將青蔥洗淨,切成蔥花。

02 將鹹蛋黃噴上米酒,放入烤箱,以上、下火 180℃,烘烤 5 分鐘,備用。

03 將乾香菇泡水軟化,擰乾水分後,放入鍋中用油以半煎炸 的方式,直到香菇呈現收乾上色狀態即可起鍋。

　　❀ 此步驟可以在下階段滷的過程中,吸飽湯汁,入口也會更為 彈牙,沒有軟爛感。

04 將香菇放入事先備好的滷汁中,滷煮約 15 分鐘,讓香菇 吸飽湯汁且入味,滷好的香菇,須放涼備用。

　　❀ 可自行斟酌滷汁的鹹度是否需要稀釋。滷汁可使用事先預留 的滷肉湯汁,味道會較濃郁;若沒有滷汁,可使用醬油:水 的比例,以 1:3 ～ 4 的份量製作成簡易滷汁。

內餡製作

05 將豬絞肉、食鹽 b、米酒、日式醬油、台式醬油、蠔油、 白胡椒粉,拌勻。

06 依序加入 2 ～ 3 大匙的清水 b(或高湯),邊加入邊拌勻, 直至內餡呈現水嫩感為止。

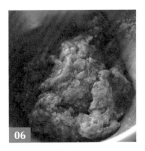

　　❀ 打水的動作可以讓內餡更鮮嫩滑口,可依個人取得方便,打 入清水或雞、豬、昆布、柴魚等不同風味的高湯。

07 加入蔥花拌勻,完成內餡製作。

麵皮製作

08 將中筋麵粉、速發酵母、細砂糖、食鹽 a、食用油、清水 a 放入攪拌缸中,以桌上型攪拌機攪拌至三光,鬆弛 10 分鐘。

　　❀ 麵團三光為盆光、手光、麵團光滑的狀態。

09　利用刮板，平均分成 12 顆，每顆約 55 克左右，再將每顆麵團手揉排氣，直到麵團外觀呈潔白光亮的狀態。

10　取一麵團，先用手掌稍壓扁，再用擀麵棍擀成外薄中心厚的麵皮。
　　✸ 可一次擀圓 4 ～ 5 片，方便製作。

包餡、發酵與蒸製

11　將 40 ～ 43 克內餡、一朵香菇、一顆鹹蛋黃包入麵皮中。
　　✸ 可依實際可包入的份量自行斟酌內餡量；包子整形可參考影片 QRcode。

12　依序將麵皮包入內餡，完成包子製作。

13　以 33℃ ～ 35℃ 發酵至手壓會慢慢回彈，且留下淡淡指痕，外觀為 1.5 ～ 2 倍大，外觀白皙，手拿變輕盈，即可入鍋蒸。
　　✸ 發酵成 1.5 倍口感較有嚼勁；發酵成 2 倍口感會比較鬆軟。

14　以中大火將水煮滾後，將包子放入蒸鍋內，鍋邊留細小縫，蒸 15 分鐘後，轉最小火續蒸 3 分鐘。
　　✸ 詳細說明可看 TIPS。

15　時間到即可出爐。

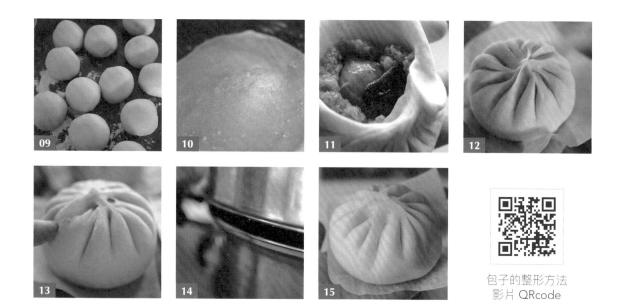

包子的整形方法
影片 QRcode

TIPS

　　火力過大，產生水蒸氣會越多，越容易讓包子表面滴到水。家庭製作時，量小，鍋邊留小縫，可使水蒸氣從縫隙中排出，避免在蒸製時鍋蓋凝聚水氣而滴到包子；大量製作時，建議鍋蓋包上布巾，底部也可鋪上，避免表面與底部因水氣太多而影響口感。

蔥香肉包

Soft Steamed Pork Buns

INGREDIENTS 使用材料

包子皮	① 中筋麵粉	400 克		內餡2	⑩ 豬絞肉 a	100 克
	② 速發酵母	4 克			⑪ 油蔥酥	2 大匙
	③ 細砂糖	30 克			⑫ 台式醬油	½ 大匙
	④ 動物性鮮奶油	30 克				
	⑤ 清水 a	190 克			⑬ 豬絞肉 b	200 克
	⑥ 食鹽 a	1 克			⑭ 食鹽 b	3 克
	⑦ 食用油 a	15 克			⑮ 醬油（不限台式、日式）	1 大匙
					⑯ 紹興酒	1 大匙
內餡1	⑧ 食用油 b	適量			⑰ 清水 b（或高湯）	30～50 克
	⑨ 洋蔥（切細丁）	1 顆（約 90 克）			⑱ 青蔥（切蔥花）	100 克

STEP BY STEP 步驟說明

前置作業

01　將青蔥洗淨，切蔥花；洋蔥洗淨，切細丁。

內餡 1 製作

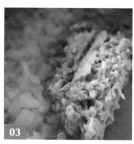

02　熱鍋，倒入少許食用油 b 後，加入洋蔥丁，炒出香氣。

03　放入豬絞肉 a 炒至顏色變白。

04　加入油蔥酥炒香。

05　最後加入台式醬油，嗆出香氣。

06　靜置放涼，須放至全涼後才可使用。

內餡 2 製作

07　將食鹽 b、醬油、紹興酒，與豬絞肉 b 拌勻。

08 依序加入 30 ~ 50 克的清水 b（或高湯），邊加入邊拌勻，直至內餡呈現水嫩感。

　　◉ 打水的動作可以讓內餡更鮮嫩滑口，可依個人取得方便，打入清水或雞、豬、昆布、柴魚等不同風味的高湯。

09 加入已放涼的內餡 1 及蔥花拌勻，完成內餡 2 製作。

麵皮製作

10 將中筋麵粉、速發酵母、細砂糖、動物性鮮奶油、清水 a、食鹽 a、食用油 a 放入攪拌缸中。

　　◉ 動物性鮮奶油是增加風味與柔軟度，若取得不便，可用 15 克鮮奶或 10 克水替代。

11 以桌上型攪拌機攪拌至三光，鬆弛 10 分鐘

　　◉ 麵團三光為盆光、手光、麵團光滑的狀態。

12 使用刮板，平均分成 12 顆，每顆約 55 克左右，再將每顆麵團手揉排氣，直到麵團外觀呈潔白光亮的狀態。

13 取一麵團，先用手掌稍壓扁，再用擀麵棍擀成外薄中心厚的麵皮。

　　◉ 可一次擀圓 4 ~ 5 片，方便製作。

包餡、發酵與蒸製

14 將約 45 克內餡 2 包入麵皮。

　　❀ 包子整形可參考影片 QRcode。

15 依序將麵皮包入內餡 2，完成包子製作。

16 以 33℃〜 35℃發酵至手壓會慢慢回彈，且留下淡淡指痕，外觀為 1.5 〜 2 倍大，外觀白皙，手拿變輕盈，即可入鍋蒸。

　　❀ 發酵成 1.5 倍口感較有嚼勁；發酵成 2 倍口感會比較鬆軟。

17 以中大火將水煮滾後，將包子放入蒸鍋內，鍋邊留細小縫，蒸 15 分鐘後，轉最小火續蒸 3 分鐘。

　　❀ 詳細說明可看 TIPS。

18 時間到即可出爐。

包子的整形方法
影片 QRcode

TIPS

　　火力過大，產生水蒸氣會越多，越容易讓包子表面滴到水。家庭製作時，量小，鍋邊留小縫，可使水蒸氣從縫隙中排出，避免在蒸製時鍋蓋凝聚水氣而滴到包子；大量製作時，建議鍋蓋包上布巾，底部也可鋪上，避免表面與底部因水氣太多而影響口感。

香菇筍丁肉包

Soft Steamed Pork Buns

INGREDIENTS 使用材料

包子皮
① 中筋麵粉 ———————— 300 克
② 速發酵母 ———————— 3 克
③ 細砂糖 ———————— 20 克
④ 食鹽 a ———————— 1 克
⑤ 食用油 a ———————— 10 克
⑥ 動物性鮮奶油 ———————— 20 克
⑦ 清水 a ———————— 140 克

內餡 1
⑧ 食用油 b ———————— 10 克
⑨ 豬絞肉 a ———————— 100 克

⑩ 熟筍（切丁）———————— 100 克
⑪ 乾香菇（切小丁）———————— 4 朵
⑫ 醬油膏 ———————— 1 大匙
⑬ 油蔥酥 ———————— 2 大匙

內餡 2
⑭ 食鹽 b ———————— 3 克
⑮ 台式醬油 ———————— 2 小匙
⑯ 白胡椒 ———————— 適量
⑰ 豬絞肉 b ———————— 160 克
⑱ 清水 b（或高湯）———————— 2 ～ 3 大匙
⑲ 香油 ———————— 2 小匙

STEP BY STEP 步驟說明

前置作業

01　將乾香菇泡水軟化，擰乾水分後，切小丁；熟筍切丁。

內餡 1 製作

02　熱鍋，倒入少許食用油 b 後，放入香菇丁並爆炒至上色且竄出香氣。

03　加入熟筍丁拌炒。

04　加入豬絞肉 a，炒至肉變白色。

05　加入醬油膏與油蔥酥，與鍋中的豬絞肉、熟筍丁、香菇丁，拌炒均勻且入味。

　　❀ 內餡部分事先炒香，成品風味會較為足夠。

06　將內餡 1 靜置放涼，須放至全涼，才可使用。

內餡 2 製作

07 將食鹽 b、台式醬油、白胡椒與豬絞肉 b 拌勻。

08 依序加入 2 ～ 3 大匙的清水 b（或高湯），邊加入邊拌勻，直至內餡呈現水嫩感。

　　※ 打水的動作可以讓內餡更鮮嫩滑口，可依個人取得方便，打入清水或雞、豬、昆布、柴魚等不同風味的高湯。

09 加入已放涼的內餡 1 及香油，拌勻，完成內餡 2 製作。

麵皮製作

10 將中筋麵粉、速發酵母、細砂糖、食鹽 a、食用油 a、動物性鮮奶油、清水 a 放入攪拌缸，以桌上型攪拌機攪拌至三光，鬆弛 10 分鐘。

　　※ 麵團三光為盆光、手光、麵團光滑的狀態。

11 使用刮板，平均分成 8 顆，每顆約 60 克左右，再將每顆麵團手揉排氣，直到麵團外觀呈潔白光亮的狀態。

12 取一麵團，先用手掌稍壓扁，再用擀麵棍擀成外薄中心厚的麵皮。

　　※ 可一次擀圓 4 ～ 5 片，方便製作。

包餡、發酵與蒸製

13 將 45 ～ 48 克內餡 2 包入麵皮,並依序將麵皮包入內餡 2,完成包子製作。

    ❋ 可依個人包入的多寡斟酌內餡的份量;包子整形可參考影片 QRcode。

14 以 33℃～ 35℃發酵至手壓會慢慢回彈,且留下淡淡指痕,外觀為 1.5 ～ 2 倍大,外觀白皙,手拿變輕盈,即可入鍋蒸。

    ❋ 發酵成 1.5 倍口感較有嚼勁;發酵成 2 倍口感會比較鬆軟。

15 以中大火將水煮滾後,將包子放入蒸鍋內,鍋邊留細小縫,蒸 15 分鐘後,轉最小火續蒸 3 分鐘。

    ❋ 詳細說明可看 TIPS。

16 時間到即可出爐。

包子的整形方法
影片 QRcode

TIPS

    火力過大,產生水蒸氣會越多,越容易讓包子表面滴到水。家庭製作時,量小,鍋邊留小縫,可使水蒸氣從縫隙中排出,避免在蒸製時鍋蓋凝聚水氣而滴到包子;大量製作時,建議鍋蓋包上布巾,底部也可鋪上,避免表面與底部因水氣太多而影響口感。

剝皮辣椒蛋黃肉包
Soft Steamed Pork Buns

INGREDIENTS 使用材料

包子皮

① 中筋麵粉	400 克
② 速發酵母	4 克
③ 動物性鮮奶油	20 克
④ 細砂糖 a	30 克
⑤ 食鹽 a	1 克
⑥ 清水	200 克
⑦ 豬油	8 克

內餡

⑧ 豬絞肉（肥三瘦七）	360 克
⑨ 食鹽 b	3 克
⑩ 蠔油	1 小匙
⑪ 日式醬油	½ 大匙
⑫ 細砂糖 b	1 小匙
⑬ 薑泥	1 小匙

⑭ 青蔥（切蔥花）	30 克
⑮ 剝皮辣椒湯汁	3 ～ 4 大匙
⑯ 剝皮辣椒（切碎）	100 克
⑰ 鹹蛋黃	11 顆

STEP BY STEP 步驟說明

前置作業

01　將鹹蛋黃噴上米酒，放入烤箱，以上、下火 180℃，烘烤 5 分鐘，備用。

02　剝皮辣椒切細碎；青蔥洗淨，切蔥花，備用。

內餡製作

03　將豬絞肉、食鹽 b、蠔油、日式醬油、細砂糖 b、薑泥拌勻後，加入 3 ～ 4 大匙的剝皮辣椒湯汁，邊加入邊拌勻。

　　✿ 豬絞肉可選擇帶些油脂的，成品吃起來較不乾柴，因此可用瘦絞肉和肥絞肉的比例為 7：3 去製作。

04 拌至內餡呈現水嫩感。

⚚ 加入剝皮辣椒湯汁打水的動作，可以讓內餡更鮮嫩滑口增加風味。

05 加入剝皮辣椒碎、蔥花，拌勻。

⚚ 若愛辣者，可加入切碎的新鮮辣椒；另因剝皮辣椒的品牌不同，鹹度及辣度也會不一樣，所以請自行斟酌使用。

06 拌勻，完成內餡製作。

麵皮製作

07 將中筋麵粉、速發酵母、動物性鮮奶油、細砂糖 a、食鹽 a、清水、豬油，以桌上型攪拌機攪拌至三光，鬆弛 10 分鐘。

⚚ 豬油可增加麵團整體的延展性，而動物性鮮奶油能增加風味與柔軟度，若取得不便，可用 15 克鮮奶或 10 克水替代。

08 使用刮板，平均分成 11 顆，每顆約 60 克。

09 將每顆麵團手揉排氣，直到麵團外觀呈潔白光亮的狀態。

10 　取一麵團，先用手掌稍壓扁，再用擀麵棍擀成外薄中心厚的麵皮

11 　可以事先分批擀好部分麵團，以方便操作流程。

包餡、發酵與蒸製

12 　將 40 ～ 43 克內餡、一顆鹹蛋黃包入麵皮，並依序將 11 顆包子包好。
　　✿ 若不加入鹹蛋黃，則須包入 48 ～ 50 克的內餡；包子整形可參考影片 QRcode。

13 　以 33℃～ 35℃發酵至手壓會慢慢回彈，且留下淡淡指痕，外觀為 1.5 ～ 2 倍大，外
　　觀白皙，手拿變輕盈，即可入鍋蒸。
　　✿ 發酵成 1.5 倍口感較有嚼勁；發酵成 2 倍口感會比較鬆軟。

14 　以中大火將水煮滾後，將包子放入蒸鍋內，鍋邊留細小縫，蒸 15 分鐘後，轉最小
　　火續蒸 3 分鐘。
　　✿ 詳細說明可看 TIPS。

15 　時間到即可出爐。

包子的整形方法
影片 QRcode

TIPS

◆ 剝皮辣椒湯汁除了可增加風味，也
有增加內餡濕潤口感的功能，因此
可一大匙、一大匙，邊攪拌邊加入。

◆ 火力過大，產生水蒸氣會越多，越容
易讓包子表面滴到水。家庭製作時，
量小，鍋邊留小縫，可使水蒸氣從縫
隙中排出，避免在蒸製時鍋蓋凝聚水
氣而滴到包子；大量製作時，建議鍋
蓋包上布巾，底部也可鋪上，避免表
面與底部因水氣太多而影響口感。

泡菜蔥肉包
Soft Steamed Pork Buns

INGREDIENTS 使用材料

包子皮		
① 中筋麵粉	360 克
② 低筋麵粉	40 克
③ 細砂糖 a	30 克
④ 速發酵母	4 克
⑤ 食鹽 a	1 克
⑥ 食用油	10 克
⑦ 清水	210 克

肉餡		
⑧ 豬絞肉（可選肥一點的）	300 克
⑨ 食鹽 b	2 克
⑩ 醬油	1 大匙
⑪ 細砂糖 b	1 小匙
⑫ 白胡椒粉	1 小匙
⑬ 泡菜湯汁	40 克
⑭ 泡菜（切碎）	150 克
⑮ 青蔥（切蔥花）	100 克

STEP BY STEP 步驟說明

前置作業

01 將泡菜擰乾，切細碎。

02 將青蔥洗淨，切蔥花。

肉餡製作

03 將豬絞肉、食鹽 b、醬油、細砂糖 b、白胡椒粉，拌勻後，依序加入泡菜湯汁，邊加入邊拌勻，直至內餡呈現水嫩感。

　　※ 利用泡菜湯汁打水，可依泡菜鹹度自行調整調味料的用量；打水的動作可以讓內餡更鮮嫩滑口。

04 加入蔥花與泡菜碎。

05 拌勻，完成內餡製作。

麵皮製作

06 將中筋麵粉、低筋麵粉、細砂糖 a、速發酵母、食鹽 a、食用油、清水放入攪拌缸中。

07 以桌上型攪拌機攪拌至三光，鬆弛 10 分鐘

　　※ 麵團三光為盆光、手光、麵團光滑的狀態。

08 使用刮板,平均分成 10 顆,每顆約 60 克左右,再將每顆麵團手揉排氣,直到麵團外觀呈潔白光亮的狀態。

09 取一麵團,先用手掌稍壓扁,再用擀麵棍擀成外薄中心厚的麵皮。

❀ 可一次擀圓 4 ~ 5 片,方便製作。

包餡、發酵與蒸製

10 將約 45 ~ 48 克內餡包入麵皮。

❀ 包子整形可參考影片 QRcode。

11 依序將麵皮包入內餡,完成包子製作。

12 以 33℃ ~ 35℃ 發酵至手壓會慢慢回彈,且留下淡淡指痕,外觀為 1.5 ~ 2 倍大,外觀白皙,手拿變輕盈,即可入鍋蒸。

❀ 發酵成 1.5 倍口感較有嚼勁;發酵成 2 倍口感會比較鬆軟。

13 以中大火將水煮滾後,將包子放入蒸鍋內,鍋邊留細小縫,蒸 15 分鐘後,轉最小火續蒸 3 分鐘。

❀ 詳細說明可看 TIPS。

14 時間到即可出爐。

包子的整形方法
影片 QRcode

TIPS

　　火力過大,產生水蒸氣會越多,越容易讓包子表面滴到水。家庭製作時,量小,鍋邊留小縫,可使水蒸氣從縫隙中排出,避免在蒸製時鍋蓋凝聚水氣而滴到包子;大量製作時,建議鍋蓋包上布巾,底部也可鋪上,避免表面與底部因水氣太多而影響口感。

菜肉熟餡肉包子

Soft Steamed Pork Buns

<table>
<tr><td rowspan="7">包子皮</td><td>① 中筋麵粉</td><td>400 克</td></tr>
</table>

包子皮	① 中筋麵粉	400 克		⑩ 洋蔥（切碎）	80 克
	② 速發酵母	4 克		⑪ 豬絞肉	380 克
	③ 細砂糖	30 克		⑫ 紹興酒	1 大匙
	④ 豬油	10 克		⑬ 醬油膏	2 大匙
	⑤ 動物性鮮奶油	30 克		⑭ 油蔥酥	2 大匙
	⑥ 食鹽 a	1 克		⑮ 胡蘿蔔（切碎）	80 克
	⑦ 清水	190 克		⑯ 四季豆（切小段）	80 克
				⑰ 玉米粒	80 克
內餡	⑧ 食用油	適量		⑱ 食鹽 b	適量
	⑨ 青蔥（切碎）	30 克		⑲ 白胡椒粉	適量

STEP BY STEP 步驟說明

前置作業

01 將青蔥洗淨，蔥白、蔥綠分開切成蔥白碎、蔥綠碎。

02 將洋蔥、胡蘿蔔洗淨，去皮切碎；四季豆洗淨切小段。

❈ 蔬菜可依個人喜好搭配挑選，但避免使用葉菜類；而蔬菜與肉餡比例可自行調整。

內餡製作

03 熱鍋，倒入少許食用油後，依序加入蔥白碎與洋蔥碎炒香，直到香氣釋出、洋蔥變透明。

04 加入豬絞肉，翻炒至肉變白色。

05 依序加入油蔥酥、醬油膏、紹興酒拌炒均勻。

06　持續拌炒至香氣四溢。

07　依序加入胡蘿蔔碎、四季豆段、蔥綠碎、玉米粒，翻炒均勻。
　　❀ 不須燜煮，因製成內餡後會再蒸一次。

08　最後加入食鹽 b、白胡椒粉，拌勻，靜置放涼，完成內餡製作。
　　❀ 食鹽 b、白胡椒粉的加入量可依個人喜好調整。

麵皮製作

09　將中筋麵粉、速發酵母、細砂糖、豬油、動物性鮮奶油、食鹽 a、清水放入攪拌缸中。
　　❀ 麵團中的油脂，使用豬油可增加麵團延展性；若豬油取得不易，可使用氣味淡的液態油脂，
　　　例如：玄米油、蔬菜油、酪梨油等氣味淡的油品。

10　以桌上型攪拌機攪拌至三光，鬆弛 10 分鐘。
　　❀ 麵團三光為盆光、手光、麵團光滑的狀態。

11　用手將麵團搓長，使用刮板，平均分成 12 顆，每顆約 60 克左右。

12　將每顆麵團一一滾圓，手揉排氣，將多餘氣體排出。
　　❀ 將麵團分割後，再一一排氣滾圓，滾圓的麵團，會比原先潔白光亮，就是可以進入下一
　　　階段的狀態。

13 取一麵團，用手掌稍壓扁，再用擀麵棍擀成外薄中心厚的麵皮。

    ❀ 可一次擀圓 4 ～ 5 片，方便製作。

包餡、發酵與蒸製

14 將約 40 ～ 45 克內餡包入麵皮。

    ❀ 包子整形可參考影片 QRcode。

15 依序將麵皮包入內餡，完成包子製作。

16 以 33℃～ 35℃發酵至手壓會慢慢回彈，且留下淡淡指痕，外觀為 1.5 ～ 2 倍大，外觀白皙，手拿變輕盈，即可入鍋蒸。

    ❀ 發酵成 1.5 倍口感較有嚼勁；發酵成 2 倍口感會比較鬆軟。

17 以中大火將水煮滾後，將包子放入蒸鍋內，鍋邊留細小縫，蒸 15 分鐘後，轉最小火續蒸 3 分鐘。

    ❀ 詳細說明可看 TIPS。

18 時間到即可出爐。

包子的整形方法
影片 QRcode

TIPS

    火力過大，產生水蒸氣會越多，越容易讓包子表面滴到水。家庭製作時，量小，鍋邊留小縫，可使水蒸氣從縫隙中排出，避免在蒸製時鍋蓋凝聚水氣而滴到包子；大量製作時，建議鍋蓋包上布巾，底部也可鋪上，避免表面與底部因水氣太多而影響口感。

咖哩肉包子
Soft Steamed Pork Buns

INGREDIENTS 使用材料

包子皮

①	中筋麵粉	350 克
②	速發酵母（冬天可使用 4 克）	3 克
③	細砂糖	20 克
④	動物性鮮奶油	30 克
⑤	食鹽 a	1 克
⑥	清水	165 克
⑦	食用油 a	10 克

內餡

⑧	食用油 b	適量
⑨	洋蔥（切小丁）	½ 顆

⑩	蒜泥	½ 大匙
⑪	豬絞肉	400 克
⑫	咖哩粉	2 小匙
⑬	胡蘿蔔（切小丁）	½ 條
⑭	芹菜（切小段）	⅓ 碗
⑮	毛豆	⅓ 碗
⑯	咖哩塊	18 克
⑰	清水	½ 杯
⑱	食鹽 b（或日式醬油）	適量

STEP BY STEP 步驟說明

前置作業

01 將洋蔥、胡蘿蔔洗淨,去皮切小丁;芹菜洗淨切小段;蒜頭須用磨泥器或壓泥器,處理成泥狀,或用菜刀盡可能切細碎些。

❀ 蔬菜可依喜好搭配挑選,但避免使用葉菜類;而蔬菜與絞肉的比例可以自行調整。

內餡製作

02 熱鍋,倒入食用油 b 後,依序加入洋蔥丁、蒜泥,炒香。

03 加入豬絞肉,翻炒至肉變白色後,加入咖哩粉炒出香氣。

❀ 絞肉可依個人喜好選擇雞肉、豬肉、牛肉、羊肉。

04 加入胡蘿蔔丁、芹菜段、毛豆拌炒均勻。

05 加入咖哩塊、清水,稍微攪拌後,蓋上鍋蓋,燜煮。

06 小火燜煮約 5 分鐘至入味。

❀ 在燜煮過程中,須注意水量,若不足,須適時添加水量,以免燒焦。

07 加入食鹽 b(或日式醬油)調味後,將湯汁收乾至略濃稠狀態,餡料不建議過於濕軟,以免不好包入麵皮。

❀ 調味可自行斟酌,建議可加入少許日式醬油,以增加鹹度與風味。

08 關火,靜置放涼,完成內餡製作。

❀ 餡料可做為拌飯、拌麵使用。

麵皮製作

09 將中筋麵粉、速發酵母、細砂糖、動物性鮮奶油、食鹽 a、清水、食用油 a 放入攪拌缸中。

10 以桌上型攪拌機攪拌至三光,鬆弛 10 分鐘。

❀ 麵團三光為盆光、手光、麵團光滑的狀態。

11　用手將麵團搓長，使用刮板，平均分成 10 顆，每顆約 60 克左右。

12　將每顆麵團一一滾圓，手揉排氣，將多餘氣體排出。

　　❀ 將麵團分割後，再一一排氣滾圓，滾圓的麵團，會比原先潔白光亮，就是可以進入下一階段的狀態。

13　取一麵團，用手掌稍壓扁，再用擀麵棍擀成外薄中心厚的麵皮。

　　❀ 可一次擀圓 4 ～ 5 片，方便製作。

包餡、發酵與蒸製

14　將約 45 克內餡包入麵皮。

　　❀ 包子整形可參考影片 QRcode。

15　依序將麵皮包入內餡，完成包子製作。

16　以 33℃ ～ 35℃ 發酵至手壓會慢慢回彈，且留下淡淡指痕，外觀為 1.5 ～ 2 倍大，外觀白皙，手拿變輕盈，即可入鍋蒸。

　　❀ 發酵成 1.5 倍口感較有嚼勁；發酵成 2 倍口感會比較鬆軟。

17　以中大火將水煮滾後，將包子放入蒸鍋內，鍋邊留細小縫，蒸 15 分鐘後，轉最小火續蒸 3 分鐘。

　　❀ 詳細說明可看 TIPS。

18　時間到即可出爐。

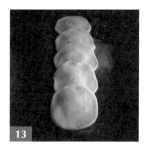

包子的整形方法
影片 QRcode

TIPS

火力過大，產生水蒸氣會越多，越容易讓包子表面滴到水。家庭製作時，量小，鍋邊留小縫，可使水蒸氣從縫隙中排出，避免在蒸製時鍋蓋凝聚水氣而滴到包子；大量製作時，建議鍋蓋包上布巾，底部也可鋪上，避免表面與底部因水氣太多而影響口感。

梅乾菜肉包子

Soft Steamed Pork Buns

INGREDIENTS 使用材料

包子皮
① 中筋麵粉 ———————— 400 克
② 速發酵母 ———————— 4 克
③ 細砂糖 ————————— 30 克
④ 動物性鮮奶油 —————— 30 克
⑤ 食鹽 ——————————— 1 克
⑥ 清水 ——————————— 190 克
⑦ 豬油 ——————————— 10 克

內餡
⑧ 豬五花肉（切小丁）———— 350 克
⑨ 梅乾菜（乾的重量）———— 35 克
⑩ 蒜頭（切末）—————— 1 大匙
⑪ 台式醬油 ———————— 1 大匙
⑫ 日式醬油 ———————— 2 大匙
⑬ 冰糖 ——————————— 適量
⑭ 米酒 ——————————— 50 克
⑮ 熱水 ——————————— 150 克

STEP BY STEP 步驟說明

前置作業

01 將蒜頭洗淨，切末。

02 將豬五花肉川燙至表面變白色後，切小丁。

❀ 豬五花選擇油脂較多，不要太瘦，入口時會更美味多汁；豬皮則可視個人喜好決定是否切除或加入滷煮，本次操作不含豬皮。

03 將梅乾菜泡水變軟，過程中須多次換水，直至細沙皆去除。

內餡製作

04 熱鍋，加入豬五花肉丁煸炒。

05 將豬五花肉丁煸炒至油脂釋出,及表面上色。

06 加入已泡軟的梅乾菜、蒜末,拌炒均勻,並運用豬五花丁煸出的油脂,炒香。
   ❀ 梅乾菜泡發後,約 110 克重。

07 加入台式醬油、日式醬油、冰糖,將所有食材翻炒至上色。
   ❀ 將台式醬油、日式醬油混合運用,口味較不死鹹;加入冰糖可增添甜味。

08 加入米酒、熱水後,蓋上鍋蓋,小火燜煮約 45 ～ 50 分鐘。
   ❀ 可依個人喜好決定燜煮的時間長短,燜煮越久會越入味,梅乾菜和豬五花丁也會越軟爛。

09 關火,靜置放涼,完成內餡製作。
   ❀ 內餡可前一天製作,冷藏備用,使用前須放於室內回溫,因冰冷的內餡會影響包子發酵
     的時間。

麵皮製作

10 將中筋麵粉、速發酵母、細砂糖、動物性鮮奶油、食鹽、清水、豬油放入攪拌缸中。

11 以桌上型攪拌機攪拌至三光,鬆弛 10 分鐘。
   ❀ 麵團三光為盆光、手光、麵團光滑的狀態。

12 用手將麵團搓長，使用刮板，平均分成 10 顆，每顆約 65 克左右。

13 將每顆麵團一一滾圓，手揉排氣，將多餘氣體排出。

❀ 將麵團分割後，再一一排氣滾圓，滾圓的麵團，會比原先潔白光亮，就是可以進入下一階段的狀態。

14 取一麵團，用手掌稍壓扁，再用擀麵棍擀成外薄中心厚的麵皮。

❀ 可一次擀圓 4 ～ 5 片，方便製作。

包餡、發酵與蒸製

15 將約 40 ～ 45 克內餡包入麵皮。

❀ 包子整形可參考影片 QRcode。

16 依序將麵皮包入內餡，完成包子製作。

17 以 33℃～ 35℃發酵至手壓會慢慢回彈，且留下淡淡指痕，外觀為 1.5 ～ 2 倍大，外觀白皙，手拿變輕盈，即可入鍋蒸。

❀ 發酵成 1.5 倍口感較有嚼勁；發酵成 2 倍口感會比較鬆軟。

18 以中大火將水煮滾後，將包子放入蒸鍋內，鍋邊留細小縫，蒸 15 分鐘後，轉最小火續蒸 3 分鐘。

❀ 詳細說明可看 TIPS。

19 時間到即可出爐。

TIPS

　　火力過大，產生水蒸氣會越多，越容易讓包子表面滴到水。家庭製作時，量小，鍋邊留小縫，可使水蒸氣從縫隙中排出，避免在蒸製時鍋蓋凝聚水氣而滴到包子；大量製作時，建議鍋蓋包上布巾，底部也可鋪上，避免表面與底部因水氣太多而影響口感。

包子的整形方法
影片 QRcode

高麗菜包子
Vegetable Steam Buns

INGREDIENTS 使用材料

包子皮
① 中筋麵粉 ————————— 350 克
② 速發酵母（冬天可使用 4 克）— 3 克
③ 細砂糖 ————————— 20 克
④ 動物性鮮奶油 —————— 20 克
⑤ 食鹽 a —————————— 1 克
⑥ 清水 ————————— 170 克
⑦ 豬油 —————————— 8 克

內餡
⑧ 食用油 ————————— 少許

⑨ 豬絞肉 ————————— 100 克
⑩ 油蔥酥 ————————— 2 大匙
⑪ 台式醬油 ———————— 2 小匙
⑫ 高麗菜（切小丁）———— 250 克
⑬ 胡蘿蔔（刨絲）————— 50 克
⑭ 食鹽 b —————————— 4 克
⑮ 青蔥（切蔥花）————— ½ 碗
⑯ 白胡椒粉 ———————— 1 小匙
⑰ 麻油 —————————— 1 小匙
⑱ 蠔油 —————————— 1 小匙

前置作業

01 將高麗菜洗淨，切小丁；胡蘿蔔洗淨，刨絲。

02 將青蔥洗淨，切成蔥花。

內餡製作

03 熱鍋，倒入食用油後，加入豬絞肉翻炒至肉變白色。

04 加入油蔥酥，翻炒出香氣。

05 加入台式醬油，炒香，盛盤，為絞肉餡，放涼備用。

06 將高麗菜丁、胡蘿蔔絲放入攪拌盆內後，撒上食鹽 b，抓拌至蔬菜不那麼蓬鬆後，靜置 10 分鐘，待蔬菜釋出水分。

07 去除蔬菜釋出的水分後，加入青蔥、絞肉餡、白胡椒粉、麻油、蠔油調味。

08 翻拌均勻後，完成內餡製作。

麵皮製作

09 將中筋麵粉、速發酵母、細砂糖、動物性鮮奶油、食鹽 a、清水、豬油放入攪拌缸中。

10 以桌上型攪拌機攪拌至三光，鬆弛 10 分鐘。

 ❀ 麵團三光為盆光、手光、麵團光滑的狀態。

11 用手將麵團搓長，使用刮板，平均分成 10 顆，每顆約 60 克左右。

12 將每顆麵團一一滾圓，手揉排氣，將多餘氣體排出。

 ❀ 將麵團分割後，再一一排氣滾圓，滾圓的麵團，會比原先潔白光亮，就是可以進入下一階段的狀態。

13 取一麵團，用手掌稍壓扁，再用擀麵棍擀成外薄中心厚的麵皮。
　　❀ 可一次擀圓 4 ～ 5 片，方便製作。

包餡、發酵與蒸製

14 將約 45 克內餡包入麵皮。
　　❀ 包子整形可參考影片 QRcode。

15 依序將麵皮包入內餡，完成包子製作。

16 以 33℃～ 35℃發酵至手壓會慢慢回彈，且留下淡淡指痕，外觀為 1.5 ～ 2 倍大，外觀白皙，手拿變輕盈，即可入鍋蒸。

　　❀ 發酵成 1.5 倍口感較有嚼勁；發酵成 2 倍口感會比較鬆軟。

17 以中大火將水煮滾後，將包子放入蒸鍋內，鍋邊留細小縫，蒸 15 分鐘後，轉最小火續蒸 3 分鐘。
　　❀ 詳細說明可看 TIPS。

18 時間到即可出爐。

包子的整形方法
影片 QRcode

TIPS

◆ 火力過大，產生水蒸氣會越多，越容易讓包子表面滴到水。家庭製作時，量小，鍋邊留小縫，可使水蒸氣從縫隙中排出，避免在蒸製時鍋蓋凝聚水氣而滴到包子；大量製作時，建議鍋蓋包上布巾，底部也可鋪上，避免表面與底部因水氣太多而影響口感。

◆ 將蔬菜抓入食鹽時，為保留蔬菜的脆感，不須將蔬菜抓得太過頭，以免口感變得軟爛。

台式小食
TAIWANESE
SNACKS

||| 台式小食 |||

地瓜球
Fried Sweet Potato Ball

INGREDIENTS 使用材料

① 地瓜 ⋯⋯⋯⋯⋯⋯⋯⋯⋯⋯⋯⋯⋯⋯⋯ 350 克
② 細砂糖 ⋯⋯⋯⋯⋯⋯⋯⋯⋯⋯⋯⋯⋯⋯ 35 克
③ 樹薯粉 ⋯⋯⋯⋯⋯⋯⋯⋯⋯⋯⋯⋯⋯ 110 克
④ 糯米粉 ⋯⋯⋯⋯⋯⋯⋯⋯⋯⋯⋯⋯⋯⋯ 40 克

STEP BY STEP 步驟說明

前置作業

01 將地瓜去皮、切小塊,入鍋蒸熟,為熟地瓜。
    ❀ 地瓜切小塊後再入鍋蒸,較易蒸熟。

地瓜球製作

02 將熟地瓜、細砂糖、樹薯粉、糯米粉放入攪拌盆內。
　　❀ 可依照地瓜甜度調整細砂糖的量。

03 承步驟 2，趁地瓜熱時，拌勻成團狀。
　　❀ 因為地瓜的含水量不同，所以會影響到成團後的乾濕狀態，
　　　因此只須成團狀，好塑形即可。若太濕，可自行添加樹薯粉
　　　或糯米粉；若太乾，可自行加入清水或鮮奶調整濕度。

04 將地瓜團搓成條狀後，再切成相同大小的塊狀。

05 將地瓜塊搓成小球狀，為地瓜球。

06 熱油鍋，當油溫到 130℃時，可放入地瓜球，將表面炸至
　　稍微定型。
　　❀ 建議使用溫度計測量油溫。

07 用鍋鏟翻動地瓜球，並將地瓜球往下壓。
　　❀ 鍋鏟下壓會讓地瓜球遇熱膨脹，因此須重複該動作數次。

08 當地瓜球變成圓滾滾的空心球狀時，須讓油溫漸漸升高至
　　170℃～ 175℃，炸至表面金黃酥脆，即可起鍋享用。

鹿港芋籤圓

Taro Ricecakes

INGREDIENTS 使用材料

<table>
<tr><td rowspan="6">外皮</td><td>① 芋頭（刨粗絲）</td><td>700 克</td><td rowspan="8">內餡</td><td>⑦ 豬絞肉</td><td>200 克</td></tr>
<tr><td>② 食鹽 a</td><td>5 克</td><td>⑧ 食鹽 b</td><td>¼ 小匙</td></tr>
<tr><td>③ 白胡椒粉</td><td>½ 小匙</td><td>⑨ 醬油</td><td>2 小匙</td></tr>
<tr><td>④ 五香粉</td><td>¼ 小匙</td><td>⑩ 白胡椒粉</td><td>½ 小匙</td></tr>
<tr><td>⑤ 細砂糖 a</td><td>½ 小匙</td><td>⑪ 五香粉</td><td>¼ 小匙</td></tr>
<tr><td>⑥ 地瓜粉</td><td>50 克</td><td>⑫ 細砂糖 b</td><td>½ 小匙</td></tr>
<tr><td></td><td></td><td>⑬ 太白粉</td><td>1 小匙</td></tr>
<tr><td></td><td></td><td>⑭ 油蔥酥</td><td>1 大匙</td></tr>
</table>

STEP BY STEP 步驟說明

前置作業

01 將芋頭洗淨去皮、刨粗絲,為芋頭絲,備用。

※ 建議刨粗絲,成品會較有嚼勁。

內餡製作

02 將豬絞肉、食鹽 b、醬油、白胡椒粉、五香粉、細砂糖 b、太白粉、油蔥酥拌勻,為內餡,備用。

※ 若有充裕的時間,可將拌勻後的食材放入冰箱冷藏 30 ~ 60 分鐘,藉此讓食材入味。

外皮製作

03 將芋頭絲加入食鹽 a、白胡椒粉、五香粉、細砂糖 a、地瓜粉,調味。

04 拌勻後,即完成芋籤圓外皮。

芋丸蒸製

05 將少量的芋頭,放在拱成凹狀的手掌上。

※ 該步驟可做 10 份芋丸,所以可先將食材分為 10 份。

06 放入內餡。

07 放上芋頭絲,壓實,為芋籤圓。

08 重複步驟 5-7,依序製作芋籤圓,並放在大馬芬的烘焙紙模上。

※ 也可將芋丸放在錫箔紙模、小碟子上。

09 以中大火將水煮滾後,將芋籤圓放入蒸鍋內,大火蒸 20 分鐘,即完成芋籤圓蒸製。

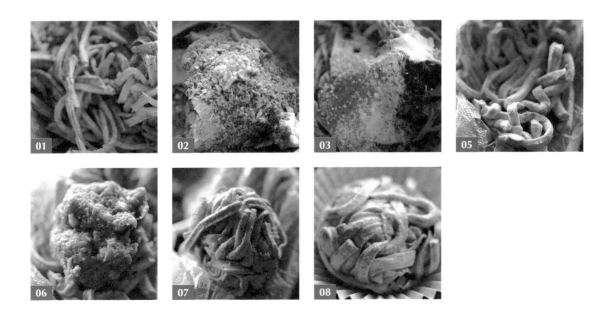

鬆餅粉做發糕

Steamed Cake (Huat Kuih)

INGREDIENTS 使用材料

共須製作 5 份五色發糕

① 市售鬆餅粉（共須 5 份）	60 克	⑤ 南瓜粉	1 小匙
② 紫薯粉	1 小匙	⑥ 黑芝麻粉	1 小匙
③ 天然草莓粉	1 小匙	⑦ 細砂糖	1 小匙
④ 抹茶粉	⅔ 小匙	⑧ 清水（共須 5 份）	40 克

01 備 5 個小碗，分別在 5 個小碗中倒入市售鬆餅粉 60 克，
    再分別加入紫薯粉、天然草莓粉、抹茶粉、南瓜粉、黑芝
    麻粉、細砂糖。
    ❀ 因每個品牌的鬆餅粉甜度不同，所以可依鬆餅粉本身的甜度，
       增減細砂糖的用量。

02 分別加入清水 40 克，攪拌，須讓麵團呈現濃稠狀，入鍋
    會發得較美，但並非呈團狀、水狀，為小發糕麵糊。
    ❀ 紫薯粉麵糊會較其他麵糊濃稠，所以可依麵糊的濃稠度，自
       行斟酌是否再加入 5 克清水。

03 以刮刀翻開小發糕麵糊，確定裡面有小氣泡，外觀表面呈
    現膨發感，代表粉類沒有過期。
    ❀ 鬆餅粉內含的泡打粉，也會提升蒸製的成功率。

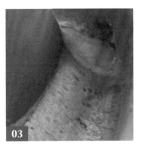

04 分別將小發糕麵糊放入 100 克小紙杯模裡，以中大火將水
    煮滾後，將小發糕麵糊放入蒸鍋內，且確認彼此皆留有間
    距，以讓熱氣能在鍋內循環。
    ❀ 須注意鍋中要放足夠的水，但也不可放太滿，若離蒸架太近，
       則底部會濕掉；水一定要大滾才能入鍋，因為發糕在非常熱
       的狀態裡，才能發得美，也建議中途不要開蓋加水，或是打
       開小縫偷看，避免熱氣散失，而提高失敗率。

05 大火蒸 20 分鐘，打開鍋蓋，出爐。
    ❀ 不需要燜的動作。

TIPS

關於紙模，也可使用馬芬紙模，但因馬芬紙模無法支撐麵
糊，所以模外需要套上一個金屬布丁模幫助支撐。

台式碗粿
Savory Rice Pudding

米漿

① 在來米（或在來米粉）......... 250 克
② 清水 a .... 250 克
③ 蓮藕粉 .... 2 大匙
④ 清水 b .... 750 克
⑤ 食鹽 .... 1 小匙

肉燥

⑥ 食用油 .... 適量
⑦ 乾香菇 .... 3 ～ 6 朵
⑧ 豬絞肉 .... 200 克
⑨ 米酒 .... 30 克

⑩ 油蔥酥 .... ½ 碗
⑪ 白煮蛋 .... 3 顆
⑫ 醬油 .... 50 克
⑬ 清水 c .... 150 ～ 200 克
⑭ 冰糖 .... 1 ～ 2 小匙

蒜泥醬油膏

⑮ 熱水 .... 1 大匙
⑯ 細砂糖 .... 1 小匙
⑰ 醬油膏 .... 3 大匙
⑱ 蒜泥 .... 1 小匙

TIPS

使用在來米製作會較有米的香氣，若使用在來米粉者，則以 250 克在來米粉、2 大匙蓮藕粉，加入 250 克清水拌勻即可。

STEP BY STEP 步驟說明

前置作業

01 將乾香菇泡水軟化，擰乾水分後，備用。

02 將熱水與細砂糖混合，攪拌至細砂糖溶解後，加入醬油膏、蒜泥攪拌均勻，完成蒜泥醬油膏。

03 在來米泡洗淨泡水 4 小時，使用前瀝乾備用。

肉燥製作

04 熱鍋，倒入食用油後，放入香菇爆香，直至香菇收乾上色，起鍋備用。

❀ 香菇須仔細爆香、收乾，讓香氣釋放，跟豬絞肉一起滷時，更會吸飽湯汁，使口感 Q 彈。

05 不換鍋，放入豬絞肉，炒至肉變白後，加入米酒稍微拌炒後，加入油蔥酥炒香。

06 加入爆香的香菇、白煮蛋稍微拌炒後，加入醬油、清水 c、冰糖調味，燉煮 1 小時直至入味。

⊛ 醬油和水的比例為 1：3 或 4，可依各品牌醬油鹹度增減用水量。

米漿製作

07 在食物調理機中放入在來米、清水 a，攪打成細滑的米漿後，加入蓮藕粉拌勻。

⊛ 蓮藕粉可用太白粉、玉米粉、樹薯粉取代。

08 在鍋中倒入清水 b、食鹽，煮至沸騰，鹽水為大滾的狀態。

⊛ 碗粿水量可依個人喜好做調整，水量越多越軟，此食譜米與水為 1：4 的比例。

09 將滾鹽水倒入米漿中，邊倒邊攪拌，至濃稠，米漿完成。

⊛ 此時米漿約 60℃ 左右，若不夠濃稠，可小火煮一下讓米漿糊化，會變得更濃稠。

碗粿製作

10 將米漿倒入模具（或碗中），約 7 分滿，不可倒入太滿，因遇熱還會膨脹。

⊛ 此份量約可做 6 碗。

11 在米漿表面放上肉燥。

12 放上香菇（整朵或半朵）、滷蛋（¼ 或 ½ 顆），並淋上肉燥湯汁，以增加風味。

13 以中大火將水煮滾後，將碗粿放入蒸鍋內，大火蒸 30 分鐘，蒸至碗粿膨脹、筷子插入沒生麵糊即可取出，食用時可搭配蒜泥醬油膏享用。

黑糖粉粿
Brown Sugar Jellycake

INGREDIENTS 使用材料

① 蓮藕粉 ———————— 150 克　　③ 清水 ———————— 350 克
② 黑糖 ———————— 150 克

STEP BY STEP 步驟說明

前置作業

01　將耐熱玻璃模具內部塗上一層薄薄的食用油。
　　❀ 可依喜好選擇模具。

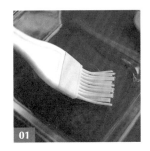

粉粿製作

02　將清水與黑糖倒入鍋中混合後，加入蓮藕粉拌勻。

03　開小火，用打蛋器攪拌至感覺有阻力時，關火。
　　❀ 須邊注意爐火，以免燒焦。

04　持續以打蛋器攪拌均勻，直至流動但稍慢的狀態（如圖示），為黑糖漿。

05　將黑糖漿倒入耐熱玻璃模具內。

06　以中大火將水煮滾後，將黑糖漿放入蒸鍋內，大火蒸 10 ～ 15 分鐘，蒸至完全透明。

07　取出，放涼後脫模，切塊後即可享用。
　　❀ 刀子可抹上薄油，較不易沾黏且好切。

08　可在黑糖粉粿表面沾上熟粉享用。
　　❀ 粉類可依個人喜好，選擇黃豆粉、黑芝麻粉、熟太白粉、椰子粉等皆可；但不建議使用純糖粉會返潮；太白粉請在炒鍋上自行翻炒至熟，再撒上使用。

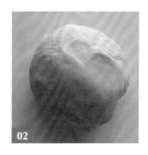

||| 台式小食 |||

貝殼造型刈包

Kuah-Pau

① 中筋麵粉 ·············· 220 克　　④ 細砂糖 ·············· 15 克　　⑦ 食用油 ·············· 適量

② 速發酵母 ·············· 2 克　　⑤ 食鹽 ·············· 少許

③ 鮮奶 ·············· 120 克　　⑥ 豬油 ·············· 10 克

麵團製作

01　將中筋麵粉、速發酵母、鮮奶、細砂糖、食鹽、豬油放入
　　攪拌缸中。

　　❀ 若豬油取得不易，可用玄米油、玉米胚芽油等氣味淡的食用
　　　油代替。

02　以桌上型攪拌機慢速攪拌成團後，再轉中速攪打至麵團可
　　拉長、帶有彈性、外觀光滑的狀態。

03　用手將麵團搓長，並使用刮板，平均分成 5 份。

02

04　將每顆麵團一一滾圓，手揉排氣，將多餘氣體排出，並滾至麵團表面呈現極光滑的狀態。

05　取一麵團，並用擀麵棍將麵團擀平後，呈橢圓狀，麵團約 0.3 公分的厚度。

06　在橢圓狀麵團表面灑上少許中筋麵粉後，取刮板在麵團表面壓出直線，但不可壓斷麵團。

07　將橢圓狀麵團翻面後，在麵團表面塗上食用油，以讓刈包中間貼合處不會黏在一起。
　　❀ 可用玄米油、玉米胚芽油、沙拉油等食用油塗抹麵團表面。

08　承步驟 7，用筷子在橢圓狀麵團中間夾出腰線與皺褶，為蝴蝶狀麵團。

09　承步驟 8，將蝴蝶狀麵團由上往下對折，即完成貝殼狀麵團。

10　將貝殼狀麵團發酵至手壓會慢慢回彈，且留下淡淡指痕，外觀為 1.5 倍大，為貝殼刈包，即可入鍋蒸。

11　以中大火將水煮滾後，將貝殼刈包放入蒸鍋內，鍋邊留細小縫，蒸 15 分鐘後，轉最小火續蒸 2 分鐘。
　　❀ 詳細說明可看 TIPS。

12　時間到關火，不掀鍋蓋，燜 10 分鐘，待涼，即可取出。

TIPS

　　火力過大，產生水蒸氣會越多，越容易讓刈包表面滴到水。家庭製作時，量小，鍋邊留小縫，可使水蒸氣從縫隙中排出，避免在蒸製時鍋蓋凝聚水氣而滴到刈包；大量製作時，建議鍋蓋包上布巾，底部也可鋪上，避免表面與底部因水氣太多而影響口感。

炸芋丸

Taro Balls (Savory)

INGREDIENTS 使用材料

① 芋頭（生重）-------------------- 400 克
② 地瓜粉 -------------------------- 30 克
③ 細砂糖 -------------------------- 45 克
④ 食用油 -------------------------- 10 克
⑤ 動物性鮮奶油 ------------------ 50 克
⑥ 肉鬆 ---------------------------- 50 克
⑦ 美乃滋 -------------------------- 30 克

⑧ 鹹蛋黃 ------------------------ 3 ~ 4 顆
⑨ 太白粉 ---------------------------- 適量

TIPS

內餡可依個人喜好包入喜歡的食材，甜鹹不拘。

STEP BY STEP 步驟說明

前置作業

01 將芋頭洗淨去皮、切塊，入蒸鍋蒸熟，至筷子可輕易穿過芋頭，時間約 30 分鐘。

芋泥製作

02 將蒸熟芋頭、地瓜粉、細砂糖放入攪拌盆內。

03 取叉子或壓泥器。

04 用壓泥器將芋頭壓開，並順勢將地瓜粉、細砂糖壓勻。

05 加入食用油、動物性鮮奶油，並用刮刀輔助拌勻。

06 拌成可塑型團狀後，放置至全涼，並放在密封盒或蓋上保鮮膜保濕，備用。
　　❀ 因每種芋頭吸水性不同，若太乾請自行添加鮮奶油；太濕，酌量加入粉類拌勻。

內餡製作

07 將肉鬆、美乃滋放入碗內。
　　❀ 步驟使用日本美乃滋，因日式美乃滋沒有甜味，若喜愛甜者，可自行選擇其他品牌使用。

08 將肉鬆、美乃滋拌勻，為肉鬆餡，備用。

09 將鹹蛋黃噴上米酒，放入烤箱，以上、下火 180 度，烘烤 5 分鐘，備用。

10 待鹹蛋黃放涼後，每顆蛋黃切成 ¼ 的小塊。
  ❀ 可依個人喜好選擇蛋黃切成的大小。

組合、烹調

11 將約 30 ~ 35 克的芋泥壓扁，並塑形成碗狀後，放入鹹蛋黃、肉鬆餡。

12 將鹹蛋黃、肉鬆餡包覆起來，並密合芋泥開口。

13 依序將芋泥包入鹹蛋黃及肉鬆餡，完成芋丸製作。

14 在芋丸表面滾上薄太白粉。

15 熱油鍋，當油溫到 170℃時，可放入芋丸，不須翻動，將表面炸至表面金黃。
  ❀ 可分批放入油鍋中，因大量食材入鍋中，易因太擁擠，而無法均勻受熱，也會使油溫瞬
    間降低，讓成品入口時會有油膩感，不夠酥脆。

16 待表面炸至金黃後，再翻動芋丸，此時，即可起鍋、享用。
  ❀ 因食材都是熟的，所以只須炸到表面金黃酥脆，即可起鍋。

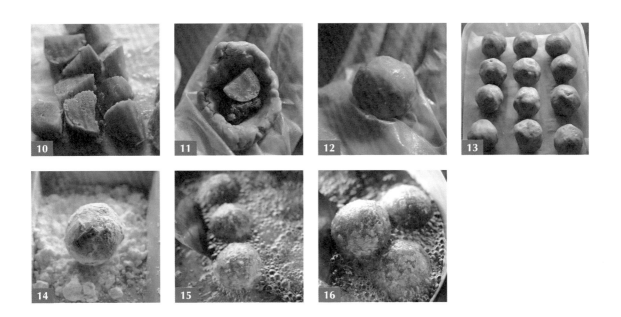

五味八珍的餐桌
品牌故事

60 年前，傅培梅老師在電視上，示範著一道道的美食，引領著全台的家庭主婦們，第二天就能在自己家的餐桌上，端出能滿足全家人味蕾的一餐，可以說是那個時代，很多人對「家」的記憶，對自己「母親味道」的記憶。

程安琪老師，傳承了母親對烹飪教學的熱忱，年近 70 的她，仍然為滿足學生們對照顧家人胃口與讓小孩吃得好的心願，幾乎每天都忙於教學，跟大家分享她的烹飪心得與技巧。

安琪老師認為：烹飪技巧與味道，在烹飪上同樣重要，加上現代人生活忙碌，能花在廚房裡的時間不是很穩定與充分，為了能幫助每個人，都能在短時間端出同時具備美味與健康的食物，從 2020 年起，安琪老師開始投入研發冷凍食品。

也由於現在冷凍科技的發達，能將食物的營養、口感完全保存起來，而且在不用添加任何化學元素情況下，即可將食物保存長達一年，都不會有任何質變，「急速冷凍」可以說是最理想的食物保存方式。

在歷經兩年的時間裡，我們陸續推出了可以用來做菜，也可以簡單拌麵的「鮮拌醬料包」、同時也推出幾種「成菜」，解凍後簡單加熱就可以上桌食用。

我們也嘗試挑選一些熟悉的老店，跟老闆溝通理念，並跟他們一起將一些有特色的菜，製成冷凍食品，方便大家在家裡即可吃到「名店名菜」。

傳遞美味、選材惟好、注重健康，是我們進入食品產業的初心，也是我們的信念。

冷凍醬料做美食

程安琪老師研發的冷凍調理包，讓您在家也能輕鬆做出營養美味的料理。

冷凍醬料的 5 大優點

省調味 × 超方便 × 輕鬆煮 × 多樣化 × 營養好

選用國產天麴豬，符合潔淨標章認證要求，我們在材料和製程方面皆嚴格把關，保證提供令大眾安心的食品。

| 三友官網 | 五味八珍的餐桌官網 | 五味八珍的餐桌 FB | 程安琪鮮拌味 FB | 程安琪入廚40 年 FB | 五味八珍的餐桌 LINE @ |

聯繫客服　電話：02-23771163　傳真：02-23771213

冷凍醬料調理包　　冷凍家常菜

香菇蕃茄紹子

歷經數小時小火慢熬蕃茄，搭配香菇、洋蔥、豬絞肉，最後拌炒獨家私房蘿蔔乾，堆疊出層層的香氣，讓每一口都衝擊著味蕾。

雪菜肉末

台菜不能少的雪裡紅拌炒豬絞肉，全雞熬煮的雞湯是精華更是秘訣所在，經典又道地的清爽口感，叫人嘗過後欲罷不能。

一品金華雞湯

使用金華火腿（台灣）、豬骨、雞骨熬煮八小時打底的豐富膠質湯頭，再用豬腳、土雞燜燉2小時，並加入干貝提升料理的鮮甜與層次。

麻辣紹子

麻與辣的結合，香辣過癮又銷魂，採用頂級大紅袍花椒，搭配多種獨家秘製辣椒配方，雙重美味、一次滿足。

北方炸醬

堅持傳承好味道，鹹甜濃郁的醬香，口口紮實、色澤鮮亮、香氣十足，多種料理皆可加入拌炒，迴盪在舌尖上的味蕾，留香久久。

靠福‧烤麩

一道素食者可食的家常菜，木耳號稱血管清道夫，花菇為菌中之王，綠竹筍含有豐富的纖維質。此菜為一道冷菜，亦可微溫食用。

3種快速解凍法

想吃熱騰騰的餐點，就是這麼簡單

1. 回鍋解凍法
將醬料倒入鍋中，用小火加熱至香氣溢出即可。

2. 熱水加熱法
將冷凍調理包放入熱水中，約2～3分鐘即可解凍。

3. 常溫解凍法
將冷凍調理包放入常溫水中，約5～6分鐘即可解凍。

私房菜

純手工製作，交期較久，如有需要請聯繫客服
02-23771163

程家大肉

紅燒獅子頭

頂級干貝 XO 醬

自宅獨享烘焙× 小食動手做：

Homemade delite , classic baking book

烘焙小點×經典小食，新手也能無負擔上手！

書　　　名	自宅獨享烘焙 × 小食動手做：烘焙小點 × 經典小食，新手也能無負擔上手！
作　　　者	鍾昕霓（Sidney Chung）
主　　　編	譽緻國際美學企業社・莊旻嬑
美　　　編	譽緻國際美學企業社・羅光宇
封面設計	洪瑞伯
攝　　　影	鍾昕霓（Sidney Chung）
發 行 人	程安琪
總 編 輯	盧美娜
發 行 部	侯莉莉
財 務 部	許麗娟
印　　　務	許丁財
法律顧問	樸泰國際法律事務所許家華律師
藝文空間	三友藝文複合空間
地　　　址	106 台北市安和路 2 段 213 號 9 樓
電　　　話	（02）2377-1163
出 版 者	橘子文化事業有限公司
總 代 理	三友圖書有限公司
地　　　址	106 台北市安和路 2 段 213 號 4 樓
電　　　話	（02）2377-4155
傳　　　真	（02）2377-4355
E - m a i l	service@sanyau.com.tw
郵政劃撥	05844889 三友圖書有限公司

總 經 銷	大和書報圖書股份有限公司
地　　　址	新北市新莊區五工五路 2 號
電　　　話	（02）8990-2588
傳　　　真	（02）2299-7900
初　　　版	2022 年 4 月
定　　　價	新臺幣 560 元
I S B N	978-986-364-188-9（平裝）

國家圖書館出版品預行編目（CIP）資料

自宅獨享烘焙X小食動手做：烘焙小點X經典小食，新手也能無負擔上手！/鍾昕霓(Sidney Chung)作. -- 初版. -- 臺北市 ： 橘子文化事業有限公司, 2022.04
　　面；　公分
　　ISBN 978-986-364-188-9(平裝)

1.CST: 點心食譜

427.16　　　　　　　　　　　　111000910

三友官網

三友 Line@